이해평

소방학개론

Introduction to Fire Service

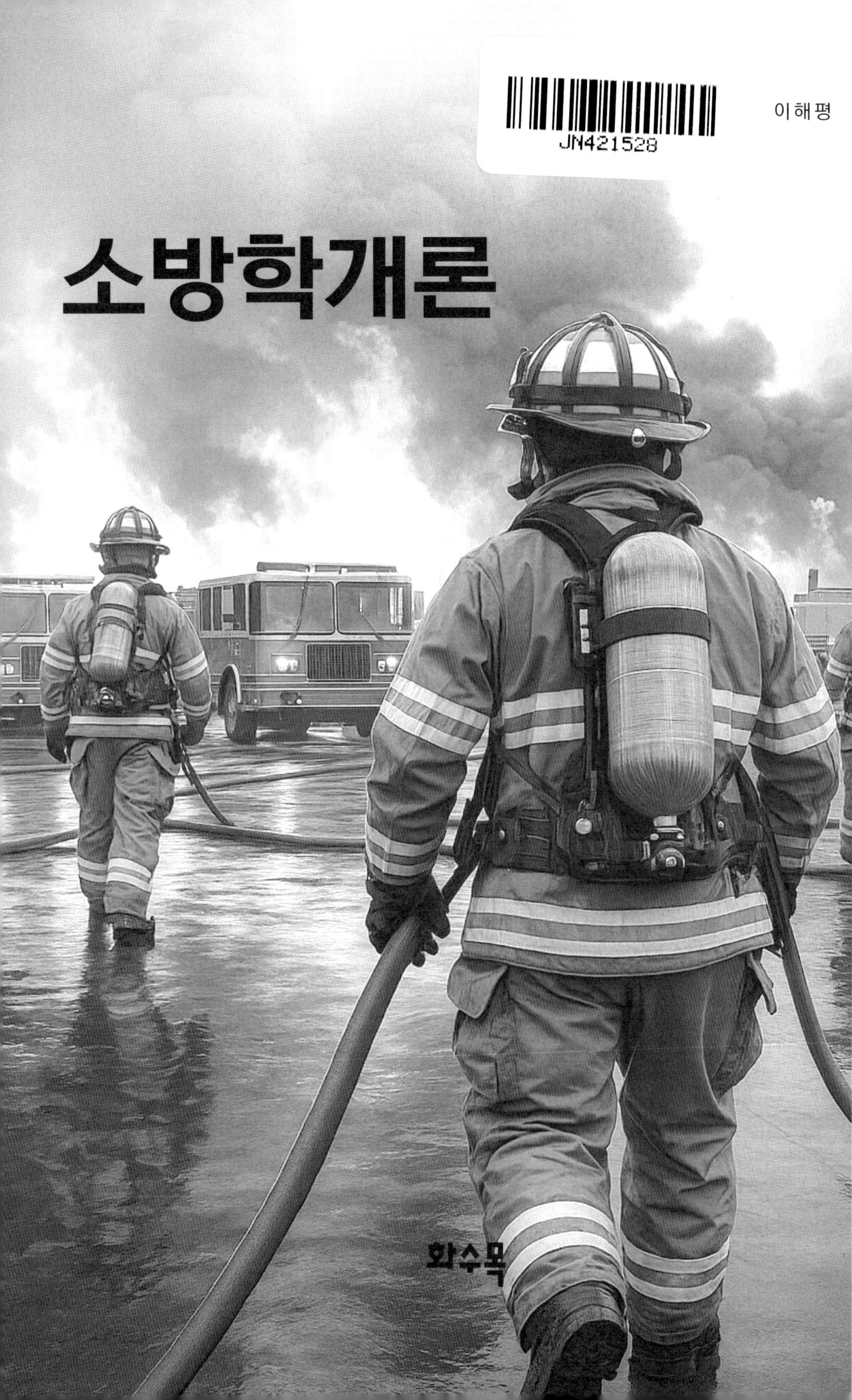

화수목

머리말

소방은 인간의 생명과 재산을 보호하는 필수적인 분야이며, 현대 사회에서 그 중요성은 더욱 커지고 있습니다. 산업이 발전하고 도시화가 가속됨에 따라 화재 및 각종 재난의 위험성이 증가하고 있으며, 이를 효과적으로 예방하고 대응하기 위해서는 체계적인 이론과 실무적 역량을 갖춘 전문가가 반드시 필요합니다. 이에 본 교재는 소방 공학을 전공하는 대학생뿐만 아니라, 소방공무원 임용시험과 소방설비기사 및 소방 기술사와 같은 자격시험을 준비하는 이들에게도 실질적인 도움을 줄 수 있도록 구성하였습니다.

이 책은 소방학의 기초 개념을 충실히 다루면서도, 실무에서 활용할 수 있는 법규 및 시설 운용지식을 포함하여 보다 균형 잡힌 학습이 이루어질 수 있도록 하였습니다. 특히, 최근 시험 출제 경향을 반영하여 필수적으로 숙지해야 할 개념을 강조하고, 소방 관련 법령과 기술적 요소를 체계적으로 정리하여 학습의 효율성을 높이고자 하였습니다.

본 교재는 크게 다섯 개의 부분으로 구성되어 있습니다. 첫째, 소방학의 개론과 행정 분야를 통해 소방이 역사적으로 어떻게 발전해 왔으며, 현재 어떤 조직 체계를 갖추고 있는지를 설명합니다. 또한, 소방공무원법과 화재 예방, 소방시설 설치·유지 및 안전관리에 관한 법률, 위험물안전관리법 등 주요 법규를 포함하여 소방 관련 제도를 폭넓게 이해할 수 있도록 하였습니다.

둘째, 연소 및 화재이론에서는 연소의 원리와 화재의 발생 과정, 폭발 메커니즘, 연소생성물의 특성 등 기초적인 과학 원리를 다룹니다. 화재는 단순히 불이 나는 현상이 아니라, 물리적·화학적 과정을 포함한 복잡한 현상이므로 이를 명확하게 이해하는 것이 중요합니다. 화재가 어떤 조건에서 발생하고, 어떻게 확산하며, 어떤 요소들이 위험성을 증가시키는지에 대한 학습은 소방학의 핵심이라고 할 수 있습니다.

셋째, 소화 및 소방시설 분야에서는 다양한 소화 방식과 소화약제의 특성, 그리고 소방시설의 설계 및 운용 원리를 설명합니다. 화재 예방과 진압의 핵심 요소인 소화 시스템을 효과적으로 활용하기 위해서는 각각 설비의 작동 원리와 유지·관리 기준을 정확히 이해해야 합니다. 이에 따라, 자동 소화설비, 경보설비, 피난설비, 소화 활동 설비 등 주요 소방시설의 기능과 특성을 체계적으로 정리하였습니다.

넷째, 화재 조사 및 구조·구급 분야에서는 화재가 발생한 후 그 원인을 분석하는 절차와 방법을 다루고, 구조·구급 활동의 중요성과 장비 활용법을 설명합니다. 화재 조사는 단순한 감식 작업이 아니라, 법적·과학적 근거를 바탕으로 화재의 원인을 규명하고 유사 사고의 재발을 방지하는 중요한 과정입니다. 또한, 구조·구급 활동은 인명 피해를 최소화하는 핵심적인 업무로, 이를 수행하기 위해서는 119시스템과 응급의료 체계에 대한 충분한 이해가 필요합니다.

마지막으로, 재난 및 안전관리에 관한 내용을 통해 재난의 예방·대비·대응·복구 과정에 관해 설명하고, 대형 재난 사례를 분석하여 실질적인 대응 전략을 제시하고자 하였습니다. 현대 사회에서 소방의 개념은 더 이상 화재진압에 국한되지 않으며, 다양한 유형의 재난 관리까지 포함하는 방향으로 확대되고 있습니다. 이에 따라, 소방 전문가로서 반드시 갖추어야 할 종합적인 사고력과 문제 해결 능력을 기를 수 있도록 내용을 구성하였습니다.

이 책은 소방학을 처음 접하는 학생들에게는 기본적인 기초를 제공하고, 시험을 준비하는 수험생들에게는 효과적인 학습 도구가 될 것입니다. 또한, 실무에 종사하는 이들에게도 최신 소방 관련 법규와 기술 동향을 정리하는 데 유용한 자료로 활용될 수 있을 것입니다.

소방은 단순한 학문이 아니라, 사람의 생명을 지키는 중요한 사명감을 요구하는 분야입니다. 소방 전문가가 되기 위해서는 단순히 이론을 학습하는 것에 그치지 않고, 실무와 법규를 함께 익혀야 합니다. 이 책이 소방을 공부하는 모든 분에게 유용한 지침서가 되기를 바라며, 이를 통해 더욱 안전한 사회를 만드는 데 이바지할 수 있기를 바랍니다.

끝으로, 본 교재가 출간될 수 있도록 많은 지원과 협조를 해 주신 도서출판 화수목의 임정대 부장님과 임직원 여러분께 깊은 감사의 마음을 전합니다. 그분들의 노력과 헌신이 있었기에 더욱 완성도 높은 교재를 출간할 수 있었습니다. 이 책이 소방을 공부하는 많은 이들에게 유익한 자료로 활용되기를 바라며, 앞으로도 소방 분야의 발전에 이바지할 수 있는 더욱 깊이 있는 연구와 저술이 이어지기를 기대합니다.

차례

PART 01 소방학 개론 및 행정

PART 02 연소 및 화재이론

차례

PART 04 화재 조사 및 구조·구급

PART 05 재난 및 안전관리

P/A/R/T 01

소방학 개론 및 행정

Chapter 01

소방의 역사 및 조직

학습 목표

- 소방의 기원과 역사적 발전 과정을 이해하고, 시대별 변화를 설명할 수 있다.
- 한국 소방 조직의 구조와 기능을 파악하고, 각 기관의 역할을 이해할 수 있다.
- 소방공무원법과 소방 행정체계를 숙지하여 법적·행정적 측면에서 소방의 역할을 분석할 수 있다.
- 소방이 수행하는 주요 임무를 이해하고, 소방의 사회적 역할과 중요성을 설명할 수 있다.

1 소방의 기원과 역사적 발전

소방은 인류의 생존과 문명 발전과 함께 발전해 온 중요한 사회적 시스템이다. 불은 인간에게 필수적인 자원이지만, 통제되지 않으면 막대한 피해를 초래할 수 있다. 이에 따라, 인류는 불을 효과적으로 활용하는 방법뿐만 아니라 화재로부터 보호하는 체계를 점진적으로 발전시켜 왔다.

소방의 기원은 자연적으로 발생한 불을 다루는 원시적인 방법에서 시작되었으며, 시간이 지나면서 조직적이고 체계적인 형태로 발전하였다. 고대 문명에서는 화재를 예방하고 진압하기 위한 원시적인 조치들이 시행되었으며, 중세와 근대를 거치면서 법률과 기술의 발전을 통해 보다 효과적인 소방 체계가 확립되었다. 특히 산업혁명 이후에는 대규모 도시화와 함께 소방 기술이 급격히 발전하였으며, 현대에 이르러서는 자동화, 정보화, 스마트 소방 시스템 등의 개념이 도입되면서 보다 정교한 소방 체계가 구축되었다.

본 장에서는 소방의 기원과 역사적 발전 과정을 체계적으로 분석하고, 특히 한국 소방의 역사적 변화 과정을 중점적으로 살펴본다.

1.1 소방의 기원

소방의 기원은 인류가 불을 사용하기 시작한 원시 시대까지 거슬러 올라간다. 인간은 불을 발견하고 활용하면서 다양한 혜택을 누렸지만, 불을 통제하지 못했을 때 발생하는 화재의 위험성도 함께 인식하게 되었다. 초기에는 단순히 불을 보관하고 사용하는 방법을 터득하는 수준이었으나, 점차 조직적인 화재 예방과 진압 방법이 개발되었고, 이는 문명의 발전과 함께 체계적인 소방 활동으로 발전하였다. 본 절에서는 원시 시대부터 중세 시대까지 소방의 발전 과정과 체계화된 소방 활동의 시작을 다룬다.

1. 원시 시대의 불과 인간의 관계

1) 불의 발견과 초기 활용

- 불은 인류 문명의 발달에 필수적인 요소로 작용했으며, 자연 발생적인 불(번개, 화산 폭발, 마찰열 등)을 활용하면서 점차 인류의 생존과 생활에서 중요한 역할을 하게 되었다.
- 원시 인류는 불을 통해 난방, 조리, 방어, 조명 등의 혜택을 얻었으며, 불을 다룰 수 있는 능력이 생존의 중요한 요소가 되었다.
- 불을 다루는 능력을 갖춘 부족은 그렇지 않은 부족보다 더 유리한 환경에서 살아남을 수 있었으며, 이러한 이유로 불을 지속해서 유지하고 보관하는 방법이 개발되었다.

그림 1.1 **원시 시대의 불 사용과 화재 예방 활동**

2) 불 사용에 따른 위험과 대응

- 불의 활용이 증가하면서 화재의 위험성도 함께 증가하였다. 원시 시대의 주거지는 가연성 재료(나무, 풀, 동물 가죽 등)로 만들어졌으며, 작은 불씨가 대규모 화재로 이어지는 경우가 많았다.
- 원시 부족들은 불을 일정한 장소에서만 사용하도록 규칙을 만들었으며, 동굴 내부나 특정 보호구역에서만 불을 피우는 방식으로 화재를 예방하고자 하였다.

표 1.1 원시 시대의 불 사용과 화재 위험

구분	주요특징	예시
불의 발견	자연 발생적인 불을 발견하고 활용	번개로 인한 자연 발화
불의 보관	불씨를 유지하고 필요시 다시 점화	동굴 내부의 불씨 보관
불의 활용	조리, 난방, 방어, 사냥 등에 이용	익힌 음식 섭취, 맹수 방어
화재 문제	주거지 화재 발생 가능성 증가	가연성 재료로 인한 급격한 연소
초기 화재 대응	물과 방화벽을 이용한 진압	강 근처 생활, 원시적 방화벽 구축

- 불씨를 보관하는 새로운 방법도 개발되었는데, 이는 특정 장소에서 불씨를 유지하는 방식으로, 불이 쉽게 꺼지는 것을 방지하기 위해 재 속에 불씨를 묻어두거나 돌을 이용하여 불씨를 감싸는 등의 기술이 활용되었다.
- 화재 발생 시에는 강가나 호수 근처로 이동하여 물을 이용해 불을 진압하는 원시적인 방법이 사용되었으며, 일부 부족들은 흙을 덮어 산소 공급을 차단하는 방법도 터득하였다.

2. 최초의 조직적 소방 활동

1) 고대 이집트의 소방 활동

- 고대 이집트에서는 대규모 도시가 형성되면서 화재 예방과 진압이 중요한 사회적 과제로 떠올랐다.
- 나일강을 중심으로 발달한 이집트 문명에서는 대형 항아리와 저수지를 이용하여 화재 발생 시 물을 공급하는 체계를 구축하였다.
- 일부 건축물에는 방화 구획 개념이 도입되어 화재 확산을 방지하려 하였으며, 왕궁과 신전에서는 석재를 활용한 건축물이 증가하면서 화재 위험성이 상대적으로 줄어들었다.

• 이집트에서는 사원과 왕궁에서 불을 제한적으로 사용할 수 있도록 규정을 마련하였으며, 특정 노동자나 노예들이 화재진압을 전담하기도 하였다.

그림 1.2 **고대 이집트의 소방 활동**

2) 로마 제국의 소방 조직

• 로마 제국에서는 조직적인 소방 체계가 도입되었으며, 이는 현대 소방 체계의 기초가 되었다.

그림 1.3 **로마 제국의 소방 조직과 화재 대응 방식**

- 기원전 6세기경 로마에서는 “비길란테스(Vigilantes)”라는 야간 순찰대가 운영되었으며, 이들은 불씨를 조기에 발견하여 화재를 방지하는 임무를 수행하였다.
- 기원전 22년, 아우구스투스 황제는 “코호르트(Cohores Vigilum)”라는 공식적인 소방대를 창설하였다. 이는 7개 구역으로 나뉘어 활동하였으며, 더 전문적인 소방 활동을 수행하였다.
- 로마 소방대는 가죽 물주머니, 양동이, 초기 형태의 펌프 등을 활용하여 화재를 진압하였으며, 도시 설계에서도 화재 예방을 고려하여 도로와 건물 사이의 간격을 유지하도록 하는 규정을 도입하였다.

3. 중세 유럽 및 동양의 화재 방지 노력

1) 중세 유럽의 소방 체계

- 중세 유럽에서는 화재 예방을 위한 법률이 제정되기 시작하였으며, 특히 1666년 런던 대화재 이후 건축법 개정을 통해 내화 재료 사용이 의무화되었다.
- 도시에 공공 소방수를 배치하여 일정한 지역의 화재를 책임지게 하였으며, 개인이 소방 장비(양동이, 물통 등)를 보유하도록 하는 규제가 도입되었다.
- 수동 펌프와 호스가 개발되면서 화재진압이 더 효율적으로 이루어졌으며, 일부 국가에서는 민간 소방 조직이 운영되기도 하였다.

2) 동양의 소방 체계

- 중국에서는 명나라 시대에 화재 예방을 위해 불침번을 조직하고, 목조 건축물 사이에 방화벽을 설치하는 등의 조치를 시행하였다.
- 일본에서는 “히노야쿠닌”이라는 소방 관리 조직이 형성되었으며, 막부시대에는 “조방수”라는 전문 소방대가 활동하였다.
- 한국에서는 조선 시대에 “금화도감”이 설치되어 국가 주도로 화재 예방과 진압 활동을 담당하였다.
- 조선 시대에는 주요 건축물에서 화재 발생을 방지하기 위해 방화 수조를 두고, 불을 다루는 규칙을 명확하게 지정하는 등 체계적인 소방 시스템이 마련되었다.
- 소방의 기원은 원시적인 불 관리에서 출발하여 점차 조직적인 소방 활동으로 발전하였다. 원시 시대에는 개인적이고 즉흥적인 대응이 주를 이루었으나,

고대 문명을 거치면서 조직적이고 체계적인 소방 활동이 등장하게 되었다. 중세 유럽과 동양에서는 법률과 기술이 발전하면서 화재 예방과 대응 방식이 더욱 정교해졌으며, 이는 현대 소방 체계의 기반이 되었다.

그림 1.4 **조선 시대의 화재 예방 및 대응 체계**

1.2 소방의 역사적 발전 과정

소방의 발전 과정은 인간 문명의 발전과 밀접한 관계를 맺고 있다. 불을 활용하는 기술이 발전함에 따라 화재 발생의 빈도와 피해 규모도 증가하였으며, 이에 따라 화재를 예방하고 대응하는 방법 역시 점진적으로 발전하였다. 특히, 산업혁명 이후 대규모 도시화가 진행되면서 소방 기술과 조직이 급속도로 발전하였으며, 현대에 이르러서는 첨단 기술을 활용한 자동화된 화재 예방 및 대응 체계가 도입되고 있다. 본 절에서는 소방의 역사적 발전 과정을 산업혁명 이전과 이후, 그리고 현대 소방 체계의 발전으로 구분하여 상세히 기술한다.

1. 산업혁명 이전의 소방 발전

1) 중세 유럽의 화재 대응 체계

- 중세 유럽에서는 도시의 대부분이 나무와 짚으로 만들어져 있어 화재 발생 시 급격히 확산하는 문제가 있었다.
- 12세기 이후, 유럽 각국에서는 도시 내에서 불 사용을 제한하는 법률이 제정되었으며, 야간에는 불을 사용하지 못하도록 하는 규정도 도입되었다.

- 13세기 프랑스에서는 건축물 간의 거리를 일정하게 유지하도록 하는 법이 시행되었으며, 잉글랜드에서는 주요 도시에 공공 소방수가 배치되기 시작하였다.
- 런던 대화재(1666년) 이후, 화재 예방을 위한 도시 계획이 강화되었으며, 불에 타지 않는 재료를 사용한 건축이 장려되었다.

표 1.2 중세 유럽의 소방 관련 규제

시대	주요 소방 조치	특징
12세기	야간 화로 사용 금지	도시 내 화재 예방 조치 도입
13세기	건축물 간 거리 확보 법률 제정	도시 계획을 통한 화재 예방
17세기	소방 조직 창설 및 소방 장비 개발	런던 대화재 이후 본격적인 소방 체계 구축

그림 1.5 **런던 대화재 이후 변화된 도시 계획**

2) 동양의 소방 체계 발전

- 중국에서는 송나라와 명나라 시기에 화재 예방을 위한 법률이 강화되었으며, 대규모 시장과 창고 지역에는 방화벽이 설치되었다.
- 일본에서는 막부시대에 "조방수"라는 조직을 만들어 도시 내 화재를 전문적으로 진압하도록 하였으며, 화재 발생 시 시민들이 동원되어 초기 진압을 돕도록 규정하였다.

- 조선 시대에는 금화도감이 조직되어 주요 도시에서 화재 예방 및 대응을 담당하였으며, 불을 관리하는 규칙이 법적으로 정해졌다.

그림 1.6 조선 시대 소방 체계와 금화도감의 역할

2. 산업혁명 이후의 소방 발전

1) 18~19세기 산업혁명과 소방 조직의 변화

- 산업혁명 이후 대규모 공장과 도시화가 진행되면서 화재 발생 빈도가 급격히 증가하였다.
- 18세기 후반부터 유럽과 미국에서는 민간 소방 조직이 등장하였으며, 화재 예방과 소방 활동을 전문적으로 수행하는 단체가 조직되었다.
- 19세기에는 국가 차원의 소방 법률이 제정되었으며, 공공 소방 조직이 운영되기 시작하였다.
- 철재 구조물이 건축에 도입되면서 건물의 내화성이 증가하였으며, 초기 형태의 스프링클러 시스템이 개발되었다.

표 1.3 원시 시대의 불 사용과 화재 위험

시기	주요 발전 사항	특징
18세기	민간 소방 조직 등장	전문적인 소방 활동 시작
19세기	공공 소방 조직 운영	국가 차원의 소방 법률 제정
20세기 초반	전기식 화재 경보 시스템 개발	소방 장비의 현대화
1950년대	자동 스프링클러 도입	대형 건물의 화재 예방 강화

그림 1.7 **19세기 공장 화재진압 모습**

2) 소방 기술의 발전과 현대적 소방 시스템 도입

- 19세기 말에는 기계식 펌프가 도입되어 화재진압 속도가 향상되었으며, 마차형 소방차가 등장하면서 초기 화재 대응이 더 신속해졌다.
- 20세기 초반에는 전기식 소방 경보 시스템이 개발되었으며, 미국과 유럽에서는 소방관의 정규 교육 프로그램이 마련되었다.
- 1920년대 이후 각국에서는 화재 예방을 위한 건축법이 강화되었으며, 내화 건축 자재의 사용이 일반화되었다.
- 1950년대에는 자동 스프링클러 시스템이 대형 건물과 공장에 도입되면서 화재 예방 및 대응 기술이 크게 발전하였다.

3. 현대 소방 체계의 발전

1) 21세기 소방 기술의 발전

- 21세기에는 사물인터넷(IoT) 기술을 활용한 화재 감지 및 경보 시스템이 도입되었다.
- 드론과 로봇을 이용한 원격 화재진압 기술이 개발되었으며, 특히 대형 화재나 위험한 환경에서의 소방 활동에 적용되고 있다.
- 화재 발생을 사전에 예측할 수 있는 인공지능(AI) 기반 시스템이 개발되면서, 화재 예방의 정확성이 높아졌다.
- 스마트 빌딩 시스템과 연계하여 자동으로 화재진압 장치가 작동하는 시스템이 보편화되고 있다.

그림 1.8 **스마트 소방 시스템과 인공지능 기반 화재 감지 기술**

2) 국제 소방 협력과 법률 발전

- 국제적으로 화재 안전을 강화하기 위해 다양한 협약과 법률이 마련되었다.
- 유엔과 국제 소방협회(IFA)는 각국의 소방 기준을 통합하고, 신속한 재난 대응을 위해 협력 체계를 구축하고 있다.
- 최근에는 기후 변화로 인해 산불이 증가하면서, 대형 산불 대응 기술과 국제 공조 체계가 더욱 강화되고 있다.

그림 1.9 **국제 소방 협력과 대형 산불 대응 체계**

소방의 역사적 발전 과정은 인류 문명의 발전과 함께 이루어져 왔다. 초기에는 단순한 대응 방식에 그쳤던 소방 활동이 산업혁명 이후 체계화되었으며, 현대에는 첨단 기술을 활용한 화재 예방 및 진압 체계가 마련되었다. 앞으로도 인공지능과 자동화 기술이 접목된 차세대 소방 시스템이 개발될 것으로 예상되며, 이를 통해 더욱 신속하고 효과적인 화재 대응이 가능해질 것이다.

1.3 한국 소방의 역사

한국 소방의 역사는 조선 시대 이전부터 시작되었으며, 시대별로 변화하면서 점차 체계적인 형태를 갖추어 왔다. 조선 시대에는 국가 차원의 소방 조직이 정비되었고, 일제강점기에는 일본식 소방 체계가 도입되었다. 해방 이후 한국 정부는 독립적인 소방 체계를 구축하였으며, 현대에 이르러서는 첨단 기술과 연계된 종합적인 화재 예방 및 대응 시스템이 확립되었다. 본 절에서는 한국 소방의 발전 과정을 시대별로 구분하여 살펴본다.

1. 조선 시대 이전의 화재 예방 및 대응 체계

1) 삼국 시대의 화재 대응 체계

(1) 건축 양식과 화재 예방

- 삼국 시대에는 목조 건축물이 주를 이루었으며, 기와를 사용한 건축이 일부 도입되었으나 여전히 화재에 취약했다.
- 고구려, 백제, 신라에서는 주요 궁궐과 사찰 건축에 돌과 기와를 사용하여 화재 위험을 줄이려는 노력이 이루어졌다.
- 왕궁과 중요한 건물 주변에는 인공 연못과 물 저장 시설을 배치하여 화재 발생 시 대비할 수 있도록 하였다.

(2) 화재 대응 조직과 방식

- 삼국 시대에는 전문적인 소방 조직이 존재하지 않았으나, 화재 발생 시 주민들이 자발적으로 협력하여 대응하는 방식이 일반적이었다.
- 신라에서는 성문과 궁궐 내부에서 불을 다루는 직책을 둬서 야간 불 사용을 제한하고, 중요 시설에서 화재를 예방하는 역할을 맡게 하였다.
- 백제는 궁궐과 대규모 건축물에서 불을 사용할 때 정해진 시간과 장소를 따르게 하는 규정을 두었으며, 주요 도시에 방화시설을 마련하였다.

(3) 화재 예방을 위한 법령 및 문화적 대응

- 삼국 시대에는 불을 신성한 존재로 여기는 인식이 강했으며, 불을 다루는 사람들에게 책임을 부과하는 문화가 존재했다.
- 불이 거주 지역에서 멀리 떨어진 곳에서만 사용될 수 있도록 제한하는 규칙이 일부 지역에서 시행되었으며, 특정 시간 이후에는 불씨를 완전히 끄도록 하는 규율도 존재했다.

2) 고려 시대의 화재 대응 체계

(1) 목조건축과 화재의 위험성 증가

- 고려 시대에는 불교의 영향으로 대형 사찰과 목조 건축물이 증가하면서 화재 발생 위험이 더욱 커졌다.
- 불교 사찰은 대규모 목재를 사용하여 건설되었으며, 사찰 내부에서 촛불과 등불을 많이 사용했기 때문에 화재의 위험성이 높았다.
- 고려는 왕궁과 대규모 사찰에 방화시설을 설치하고, 사찰 내부에는 방화 구획을 마련하여 화재가 확산하는 것을 방지하고자 했다.

(2) 화재 발생 시 대응 체계

- 고려 시대에도 전문적인 소방 조직은 없었으나, 화재 발생 시 지방 관청에서 군사와 주민을 동원하여 화재를 진압하는 방식이 사용되었다.
- 수도 개경(현 개성)과 주요 도시에는 대형 연못과 저수지가 있어 화재 발생 시 물을 빠르게 공급할 수 있도록 하였다.
- 불을 사용해야 하는 장소에서는 불씨를 관리하는 담당자가 배치되었으며, 화재가 발생했을 때 주변 주민들이 협력하여 대응하는 체계가 유지되었다.

(3) 화재 예방을 위한 법령 및 규정

- 고려 시대에는 도시 내 주요 지역에서 불씨를 함부로 다루지 못하도록 제한하는 법령이 존재했다.
- 화재 예방을 위해 기와 건축을 장려하였으며, 불을 사용하는 장소 주변에는 물을 보관할 수 있는 설비를 마련하도록 하였다.
- 도성 내 특정 지역에서는 야간에 불을 사용하지 못하도록 하는 규정이 적용되었으며, 불씨 관리 책임이 소홀한 경우 처벌이 부과되었다.

3) 고려 후기에서 조선 초기로의 변화

(1) 화재 예방 조직의 필요성 대두

- 고려 후기에는 수도 개경을 중심으로 도시화가 진행되면서 화재 발생이 빈번해졌으며, 이에 따라 보다 체계적인 화재 예방과 대응 체계가 필요해졌다.
- 14세기 후반 고려 말 조선 초에는 정부에서 왕궁과 주요 건축물의 화재 예방을 담당하는 기관을 설치하기 시작하였다.
- 조선이 건국된 이후에는 금화도감이 설치되어 국가 차원의 화재 예방과 대응이 공식적으로 시작되었다.

(2) 조선 시대 소방 체계로의 전환

- 조선 초기에 화재 예방을 위한 법령이 강화되었으며, 금화도감과 지방 소방 체계가 정식으로 운영되었다.
- 수도 한양에서는 건축물의 배치와 도로 설계를 통해 화재 확산을 방지하는 도시 계획이 시행되었다.
- 화재 예방을 위한 정책이 점진적으로 강화되었으며, 조선 중기 이후에는 지방에서도 화재 예방을 위한 행정적 지원이 확대되었다.

그림 1.10 고려 시대 사찰과 궁궐의 화재 예방 방식

2. 조선 시대의 화재 예방과 대응 체계

1) 금화도감과 화재 예방 정책

- 조선 시대에는 중앙 및 지방 행정기관에서 화재 예방을 주요 업무로 다루었으며, 국가 차원의 화재 대응 기구인 금화도감이 설치되었다.
- 금화도감은 수도 한양에서 화재 예방과 진압을 담당하였으며, 주요 건축물과 시장 지역에서의 화재 예방을 위한 순찰 및 점검 활동을 수행하였다.
- 일정 규모 이상의 건축물에는 방화수를 비치하도록 하였으며, 야간에는 불 사용을 엄격히 제한하는 규정이 있었다.

표 1.4 조선 시대 화재 예방 정책

정책명	내용	적용 대상
금화도감 운영	화재 예방 및 진압 총괄	한양 및 주요 도심
방화수 비치	일정 규모 이상의 건물에 방화수 비치 의무화	궁궐, 관청, 사찰, 시장 등
야간 불 사용 제한	밤 10시 이후 불 사용 금지	한양 및 지방 도심
방화 구획 설정	대형 건축물 간 거리 확보	주요 행정기관, 왕실 건축물

그림 1.11 **조선 시대 금화도감의 화재 예방 활동**

2) 지방 소방 조직과 대응 체계

- 지방에서는 지방 관청에서 화재 예방과 대응을 담당하였으며, 특정 지역에는 지역민들이 참여하는 방화 조직이 운영되었다.

- 주요 건축물에는 돌담을 두어 화재 확산을 방지하였으며, 목재를 주로 사용하는 가옥들에는 방화용 흙을 덮는 방법이 활용되었다.
- 성곽과 시장 등 인구 밀집 지역에는 대형 물 저장 시설을 설치하여 화재 발생 시 신속하게 대응할 수 있도록 하였다.

3. 일제강점기의 소방 체계 변화

1) 일본식 소방 제도의 도입

- 일제강점기에는 일본식 소방 제도가 도입되었으며, 소방 업무가 경찰의 업무로 통합되었다.
- 1925년 조선총독부는 조선 소방령을 공포하여 소방 조직을 체계적으로 정비하였으며, 주요 도시마다 소방서를 설치하였다.
- 그러나 당시 소방 조직은 일본인 위주로 운영되었으며, 한국인 소방대원의 수는 제한적이었다.

2) 소방 장비와 기술의 도입

- 일본은 근대적 소방 장비를 조선에 도입하였으며, 초기 형태의 소방차와 펌프가 주요 도시에 배치되었다.
- 소방 훈련이 경찰 조직을 중심으로 이루어졌으며, 주요 도시에 화재 감시탑을 설치하여 화재 발생을 조기에 감지할 수 있도록 하였다.

그림 1.12 일제강점기 소방 조직의 활동 모습

4. 해방 이후 한국 소방 조직의 발전

1) 독립적 소방 조직의 형성

- 1945년 해방 이후, 한국 정부는 소방 조직을 독립적인 행정 기구로 재편하기 시작하였다.
- 1958년에는 「소방법」이 제정되어 소방 조직과 법률 체계가 정비되었으며, 국가 주도의 화재 예방 및 대응 체계가 확립되었다.
- 1970년대 이후에는 도시화와 산업화가 진행되면서 대형 화재가 빈번하게 발생하였고, 이에 따라 소방 인력과 장비가 지속해서 확충되었다.

2) 현대 소방 조직의 확립과 발전

- 1992년 소방방재청이 신설되면서 국가 차원의 소방 정책이 더 체계적으로 운영되기 시작하였다.
- 2017년에는 소방청이 독립 기관으로 승격되었으며, 국가 재난 대응 기능이 더욱 강화되었다.
- 현재는 전국적으로 119안전센터가 운영되고 있으며, 첨단 소방 기술이 도입되어 대응력이 지속해서 향상되고 있다.

표 1.5 해방 이후 한국 소방 조직의 발전

시기	주요 발전 사항	특징
1945년	해방 이후 소방 조직 개편	경찰과 분리된 독립 조직 구성
1958년	「소방법」 제정	법적 기반 마련
1970년대	도시화와 산업화로 인한 대형 화재 증가	소방 인력과 장비 확충
1992년	소방방재청 설립	국가 차원의 소방 행정 강화
2017년	소방청 독립	재난 대응 기능 강화

5. 한국 소방의 미래 방향

1) 스마트 소방 시스템 도입

- 한국은 AI 기반 화재 감지 기술과 드론을 활용한 화재 대응 시스템을 도입하여 소방 기술을 첨단화하고 있다.
- 사물인터넷(IoT) 기반 화재 감지 네트워크가 구축되고 있으며, 원격 화재 감시 시스템이 도입되어 초기 대응이 더욱 신속하게 이루어지고 있다.

2) 국제 협력 및 재난 대응 강화

- 한국 소방청은 국제 소방 기구와 협력하여 대형 화재 및 재난 대응 역량을 강화하고 있다.
- 기후 변화로 인해 증가하는 산불과 대형 재난에 대응하기 위해 소방 장비와 인력을 지속해서 확충할 계획이다.

한국 소방의 역사는 조선 시대의 기초적인 소방 조직에서 출발하여, 일제강점기의 근대적 소방 체계를 거쳐, 현대적인 국가 소방 시스템으로 발전하였다. 앞으로도 첨단 기술과 국제 협력을 통해 보다 효율적인 화재 예방 및 대응 체계를 구축할 것으로 기대된다.

2 한국 소방 조직의 구조와 기능

한국의 소방 조직은 국가 소방과 지방 소방 체계를 유지하면서도, 소방공무원의 신분은 국가직으로 일원화된 특징을 가진다. 즉, 행정 운영 측면에서는 중앙정부와 지방자치단체가 각각의 임무를 수행하는 이원화된 구조를 유지하지만, 소방공무원의 법적 신분은 모두 국가직으로 통합되었다.

이러한 체계는 국가 차원에서의 일관된 소방 정책과 법령 집행을 가능하게 하면서도, 각 지역의 특성에 맞춘 소방 활동을 수행할 수 있도록 한다. 본 절에서는 한국 소방 조직의 개요와 국가 소방·지방 소방 체계, 그리고 소방공무원 신분 일원화에 따른 변화를 구체적으로 살펴본다.

2.1 한국 소방 조직 개요

1. 국가 소방과 지방 소방 체계

1) 국가 소방과 지방 소방의 개념 및 차이

한국의 소방 조직은 국가 소방과 지방 소방으로 구분되며, 중앙정부와 지방자치단체가 각각의 임무를 수행하면서 협력하여 운영된다.

(1) 국가 소방(소방청 중심 운영)

- 소방청(중앙기관)이 전국 단위의 소방 정책을 수립하고, 관련 법률을 제·개

정한다.

- 대형 재난 발생 시 전국적인 소방 자원 배분 및 인력·장비 지원을 수행한다.
- 소방 연구개발(R&D), 화재 예방 정책, 소방공무원 교육·훈련 등의 업무를 총괄한다.
- 특수 재난(산불, 산업재해, 원자력 사고 등)에 대한 컨트롤 타워 역할을 한다.

(2) 지방 소방(시·도 소방본부 및 소방서 운영)

- 시·도 소방본부 및 소방서(지방기관)가 지역 내 화재 예방, 화재진압, 구조·구급 업무를 수행한다.
- 지방자치단체장이 관할 지역의 소방 조직을 운영하며, 지역 내 특수 재난 발생 시 국가 소방과 협력하여 대응한다.
- 주민을 대상으로 소방 안전 교육 및 홍보 활동을 추진하고, 지역 특성에 맞는 방재 대책을 수립한다.

이처럼 국가 소방과 지방 소방 체계는 각자의 임무를 수행하면서도 유기적으로 협력하여 운영된다.

2) 중앙과 지방 소방 조직의 연계 구조

국가 소방(소방청)과 지방 소방(시·도 소방본부 및 소방서)은 긴밀한 협력 관계를 유지하며, 중앙과 지방이 각각의 임무를 수행하면서 유기적으로 연결되어 있다.

(1) 소방청(중앙기관)의 역할

- 전국적인 소방 행정 총괄 및 법령 제·개정
- 국가 재난 및 대형 화재 발생 시 긴급 대응 지원
- 중앙 소방학교 운영 및 소방공무원 교육·훈련
- 국립소방연구원을 통한 소방 기술 개발 및 신기술 도입

(2) 지방자치단체(시장·도지사)의 역할

- 지역별 소방 정책 운용 및 인력 배치
- 지역 내 화재 예방 및 재난 대응 계획 수립
- 소방시설 유지·보수 및 지역 주민 대상 소방 교육
- 지역 특성에 맞춘 구조·구급 활동

(3) 국가 소방과 지방 소방 간 협력 구조

- 대형 화재 및 자연재해 발생 시 지방 소방본부는 국가 소방에 지원 요청을 할

수 있다.

- 소방청은 필요시 중앙 긴급 소방 지원단을 구성하여 전국적인 소방 인력과 장비를 배치한다.
- 중앙과 지방 간의 정기적인 소방 훈련 및 합동 재난 대응 훈련을 통해 협력 체계를 강화한다.

2. 소방청 및 각 지역 소방본부의 역할

1) 소방청의 역할 및 기능

소방청은 한국의 중앙 소방 행정기관으로, 전국적인 소방 정책을 수립하고 법률을 제·개정하며, 대형 재난 발생 시 신속한 대응을 총괄한다.

(1) 소방 정책 및 법률 제·개정

- 화재 예방 및 안전 규정을 포함한 법률을 제정하고 개정한다.
- 국가 차원의 소방 인프라 구축 및 유지관리 계획을 수립한다.

(2) 대형 재난 대응 및 지원

- 산불, 대형 건물 화재, 원자력 사고 등 국가적 재난 발생 시 긴급 대응을 수행한다.
- 필요시 중앙 긴급 소방 지원단을 구성하여 지방 소방 조직에 인력과 장비를 지원한다.

(3) 소방 연구개발(R&D) 및 교육·훈련

- 국립소방연구원을 통해 신기술을 개발하고 소방 장비를 현대화한다.
- 소방학교를 운영하여 소방공무원의 전문 교육 및 훈련을 시행한다.

소방청은 전국적인 소방업무를 총괄하는 역할을 하며, 지방 소방본부와 긴밀한 협력을 유지하면서 재난 발생 시 체계적인 대응을 수행한다.

2) 시·도 소방본부와 소방서의 조직과 업무

시·도 소방본부와 소방서는 지방자치단체 소속으로 운영되며, 지역 내 소방 행정을 담당하는 핵심 기관이다.

(1) 시·도 소방본부

- 각 지방자치단체(시·도) 소속으로, 해당 지역의 소방 정책을 수립하고 소방서와 119안전센터를 관리·운영한다.

- 지역 특성에 맞는 화재 예방 대책을 수립하고, 대형 화재 발생 시 신속하게 대응한다.

(2) 소방서 및 119안전센터

- 화재 예방 및 안전 점검을 수행하며, 지역 주민을 대상으로 소방 교육과 훈련을 한다.
- 화재 발생 시 신속한 대응을 수행하며, 구조·구급 활동을 병행한다.

표 1.6 국가 소방과 지방 소방 체계 및 소방공무원 신분 비교

구분	운영 주체	주요 역할
국가 소방 (소방청)	소방청	소방 정책 수립, 법률 제정, 대형 재난 대응, 연구개발
지방 소방 (시·도 소방본부 및 소방서)	시·도 소방본부 및 소방서	지역 내 화재 예방, 화재진압, 구조·구급 활동

소방서 및 119안전센터는 지역 주민과 가장 밀접한 관계를 맺으며, 실질적인 소방 서비스 제공의 중심 역할을 한다.

2.2 소방 조직의 계층 구조

한국의 소방 조직은 중앙정부와 지방자치단체가 협력하여 운영되는 체계를 유지하면서, 각 조직이 명확한 계층 구조를 기반으로 임무를 수행하고 있다. 소방청(중앙기관)은 전국 단위의 소방 행정을 총괄하며, 시·도 소방본부 및 소방서(지방기관)는 지역 내 소방 서비스를 제공하는 역할을 담당한다. 또한, 특수 소방 조직으로 국립소방연구원, 소방학교, 기타 연구 및 교육 기관이 운영되며, 첨단 기술 개발과 전문 인력 양성을 수행하고 있다.

이 절에서는 중앙 소방청의 행정 조직과 역할, 지방 소방본부 및 소방서의 구조, 그리고 특수 소방 조직의 기능을 구체적으로 살펴본다.

1. 중앙 소방청 (소방청장)

1) 소방청의 행정 조직 및 역할

소방청은 행정안전부 소속의 중앙행정기관으로, 대한민국의 소방 정책을 수립하고 실행하는 핵심 조직이다. 소방청장은 국가적 차원의 소방 행정을 총괄하

며, 법률 제정, 대형 재난 대응, 연구개발, 교육 및 훈련을 포함한 종합적인 기능을 수행한다.

(1) 소방 정책 수립 및 법률 제·개정

- 「소방기본법」, 「화재 예방, 소방시설 설치·유지 및 안전관리에 관한 법률」 등의 법령을 제정·개정한다.
- 전국 소방 조직의 운영 방향을 결정하고, 중장기 계획을 수립한다.

(2) 대형 재난 대응 및 전국 소방 지원

- 대형 화재, 지진, 태풍 등 국가적 재난 발생 시 전국 단위의 긴급 대응을 지휘한다.
- 필요시 전국 소방 자원을 동원하고, 지방 소방본부에 장비와 인력을 지원한다.

(3) 소방공무원 교육 및 훈련

- 소방공무원의 역량 강화를 위해 중앙 및 지방 소방학교를 운영한다.
- 소방관 교육·훈련 프로그램을 통해 전문적인 화재 진압 및 구조 능력을 향상시킨다.

(4) 소방 연구개발(R&D) 및 기술 도입

- 국립소방연구원을 운영하여 첨단 소방 기술을 개발하고, 최신 소방 장비를 도입한다.
- 화재 예방 및 대응을 위한 첨단 시스템(스마트 소방 시스템, AI 기반 화재 감지 기술 등)을 연구한다.

2) 중앙 소방청 산하 기관 및 기능

소방청은 전국 소방 행정을 효율적으로 운영하기 위해 다양한 산하 기관을 운영하고 있다. 각 기관은 소방 연구, 교육, 정책 수립 등의 기능을 수행하며, 실질적인 소방 역량 강화를 지원한다.

- **소방정책국**: 소방 행정과 관련된 정책을 기획하고, 국가 차원의 소방 전략을 수립하는 부서
- **119구조구급국**: 전국적인 구조·구급 활동을 총괄하며, 응급 대응 시스템을 운영하는 부서
- **화재예방국**: 화재 예방 및 소방시설 관리 정책을 총괄하는 부서
- **국립소방연구원**: 최신 소방 기술과 화재 예방 연구를 수행하는 기관
- **소방학교(중앙·지방)**: 소방공무원의 교육 및 훈련을 담당하는 기관

2. 지방 소방본부 및 소방서

1) 시·도 소방본부의 조직 구조 및 주요 역할

시·도 소방본부는 각 지방자치단체(시·도)의 소속 기관으로 운영되며, 지역 내 소방 정책 집행과 실질적인 소방 행정을 담당하는 임무를 수행한다.

(1) 지역 소방 정책 집행 및 운영

- 각 지역의 소방 법령과 조례를 적용하여 지역 맞춤형 소방 행정을 운영한다.
- 지역 내 주요 화재 예방 대책을 수립하고, 소방 점검을 수행한다.

(2) 화재 진압 및 구조·구급 활동 관리

- 소방서 및 119안전센터를 관리하며, 긴급 출동 및 화재 진압을 수행한다.
- 응급 의료 시스템과 협력하여 신속한 구조·구급 서비스를 제공한다.

(3) 재난 대응 및 대형 화재 지원

- 대형 화재 및 재난 발생 시 인근 지역 소방본부와 협력하여 대응한다.
- 소방청과의 긴밀한 협조를 통해 중앙 소방 자원을 요청할 수 있다.

2) 소방서 및 119안전센터의 기능

소방서는 시·도 소방본부의 하위 조직으로, 각 지역의 소방 서비스를 제공하는 핵심 기관이다.

(1) 소방서의 역할

- 지역 내 화재 진압, 구조·구급 활동을 수행한다.
- 주민 대상 소방 안전 교육 및 훈련을 제공한다.
- 위험물 관리 및 소방시설 점검을 담당한다.

(2) 119안전센터의 기능

- 긴급 출동을 위한 거점 역할을 하며, 신속한 재난 대응을 수행한다.
- 초기 화재 진압 및 응급 구조 활동을 진행한다.
- 주민 신고를 접수하고 출동 명령을 내리는 임무를 수행한다.

3. 특수 소방 조직

1) 국립소방연구원의 역할 및 연구 기능

국립소방연구원은 최첨단 소방 기술 연구와 재난 대응 시스템 개발을 담당하는 기관이다.

(1) 화재 원인 분석 및 연구

- 화재 감식 및 화재 발생 원인을 과학적으로 분석하는 연구 수행
- 화재 패턴 및 연소 메커니즘 연구

(2) 첨단 소방 기술 개발

- AI 기반 화재 감지 시스템, 드론 소방 기술, 로봇 소방대 개발
- 스마트 소방 관제 시스템 및 위험물 화재 대응 연구

2) 중앙 및 지방 소방학교의 교육 및 훈련 체계

소방학교는 소방공무원의 역량 강화를 위해 전문 교육과 훈련을 제공하는 기관이다.

(1) 중앙소방학교

- 국가 차원의 소방 교육 및 연구기관으로, 전국 소방공무원을 대상으로 훈련 제공
- 신임 소방공무원 기본 교육 및 고급 소방관리자 교육 과정 운영

(2) 지방 소방학교

- 각 지역의 소방공무원을 대상으로 교육하며, 실전 중심의 훈련 제공
- 지역 특성을 반영한 재난 대응 훈련 프로그램 운영

3) 기타 특수 소방 조직 개요

- **산악·해양 특수구조대**: 산악 및 해양 사고 발생 시 신속한 구조 활동 수행
- **항공 소방대**: 헬리콥터 등을 이용한 대형 화재 진압 및 응급 구조 활동
- **소방 특수구조단**: 산업시설, 원자력 시설 등 특수 환경에서의 화재 및 구조 대응

2.3 소방 조직의 주요 기능

소방 조직은 단순한 화재진압을 넘어 화재 예방, 구조 및 구급 활동, 위험물 및 재난 관리, 그리고 소방 안전 교육 및 홍보 등 다양한 임무를 수행한다. 현대 사회에서 소방 조직의 역할은 점차 확대되고 있으며, 기능별로 세분된 전문 인력과 첨단 장비를 활용하여 보다 신속하고 체계적인 대응을 하고 있다.

이 절에서는 소방 조직이 수행하는 주요 기능을 구체적으로 살펴보고, 각 기능이 어떻게 운영되는지에 대해 설명한다.

1. 화재 예방 및 진압

1) 화재 예방을 위한 법률 및 규정

소방 조직은 화재 예방을 위해 다양한 법률과 규정을 시행하고 있으며, 이를 통해 화재 발생을 최소화하고 사전에 대응할 수 있도록 한다.

(1) 화재예방법 및 소방시설 설치 기준 시행

- 「소방기본법」, 「화재예방, 소방시설 설치·유지 및 안전관리에 관한 법률」 등에 근거하여 건물 내 소방시설 설치를 의무화하고 있다.
- 대형 건축물, 공장, 다중이용시설 등에서 정기적인 소방 점검을 하며, 법령 위반 시 강력한 행정 처분이 이루어진다.

(2) 소방 점검 및 감찰 활동

- 소방 조직은 건물 및 산업시설의 소방시설 유지·관리 상태를 점검하며, 화재 위험이 큰 시설에 대한 특별 관리 체계를 운영한다.
- 소방 감찰팀이 주기적으로 소방시설을 점검하고, 위반 사항 발견 시 시정 조치를 시행한다.

그림 1.13 **화재 예방 활동 및 소방 점검 과정**

(3) 소방 특별조사 및 예방 활동

- 특정 기간 집중적인 예방 활동을 진행하는 '소방 특별조사'를 실시한다.
- 대형 재난을 사전에 방지하기 위해 위험 요소를 분석하고 관리 방안을 마련한다.

2) 화재 발생 시 대응 체계 및 진압 전략

화재 발생 시 신속하고 체계적인 대응이 이루어지며, 이를 위한 단계별 대응 체계가 수립되어 있다.

(1) 초기 대응(119 신고 및 출동)

- 신고 접수 후 즉시 출동하여 초기 진압을 시도하며, 필요시 추가 소방력을 요청한다.
- 소방서 및 119안전센터에서 신고를 접수하고 가장 가까운 소방대를 배치한다.

(2) 화재진압 작전 수립 및 실행

- 화재의 규모 및 특성에 따라 소방대장이 진압 전략을 수립한다.
- 고층 건물, 지하 시설, 유류 저장시설 등 특수 환경에서 화재는 별도의 진압 전술이 적용된다.

(3) 대형 화재 대응 및 협력 체계

- 대형 화재 발생 시 광역 소방 조직 및 인접 시·도 소방본부와 협력하여 다중 소방 인력이 동원된다.
- 필요시 중앙 소방청의 지원을 받아 소방헬기, 화학소방차 등 특수 장비를 활용한다.

그림 1.14 화재진압 작전 및 대형 화재 대응 체계

2. 구조 및 구급 활동

1) 119구조대 및 구급대의 조직 및 역할

소방 조직은 화재뿐만 아니라 각종 사고 및 재난 현장에서 인명 구조와 응급처치를 담당하는 임무를 수행한다.

(1) 119구조대의 역할

- 건물 붕괴, 산악 사고, 교통사고 등에서 신속한 구조 활동을 수행한다.
- 로프 구조, 수난 구조, 특수 재난 대응(유독가스 누출, 폭발 사고 등) 기능을 담당한다.

(2) 119구급대의 역할

- 응급환자를 신속하게 이송하고, 현장에서 기본적인 응급처치를 수행한다.
- 병원 전 단계 응급처치(심폐소생술, 산소 공급, 외상 처치 등)를 시행한다.

2) 응급 의료 시스템과 연계된 구조·구급 체계

(1) 소방과 의료기관 간 협력 시스템 운영

- 병원과 연계된 응급 의료 정보센터를 통해 환자의 상태에 따라 적절한 의료기관으로 이송한다.
- 응급 의료 전용 콜센터(119와 1339)를 운영하여 신속한 의료 지원을 제공한다.

(2) 응급상황 대응을 위한 최신 장비 도입

- 자동 심장 충격기(AED), 산소 공급 장치, 이동식 환자 모니터링 장비 등을 활용하여 응급환자의 생존율을 높인다.
- 드론을 활용한 응급 물품 전달 시스템을 연구 및 도입 중이다.

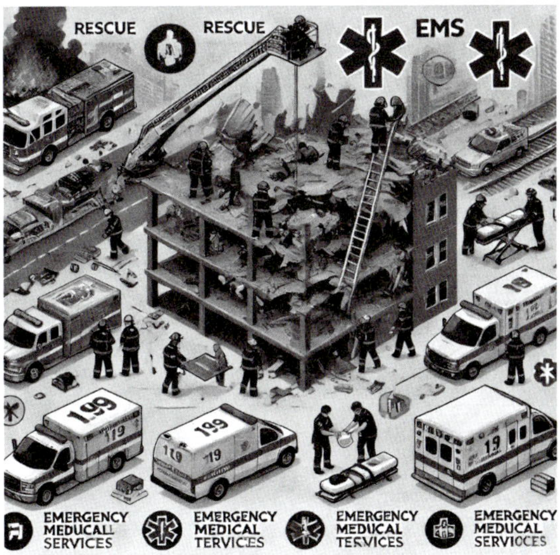

그림 1.15 119구조대 및 119구급대의 주요 역할

3. 위험물 및 재난 관리

1) 위험물 관리 체계 및 법령

(1) 위험물 저장 및 취급 시설 점검

- 화학 공장, 주유소, 가스 저장시설 등에서 정기적인 소방 점검을 시행한다.
- 위험물 취급 업체는 별도의 소방 안전 교육을 이수해야 하며, 엄격한 관리 기

준을 따른다.

(2) 위험물 사고 대응 매뉴얼 운영

- 위험물 화재 시 특수 소방 장비(화학소방차, 특수 방수 시스템)를 활용한 대응 전략을 적용한다.
- 사고 발생 시 긴급 대피령을 발령하고, 주민 대피 및 방재 활동을 시행한다.

그림 1.16 **위험물 사고 대응 체계**

4. 소방 안전 교육 및 홍보

1) 대국민 화재 예방 교육 프로그램

(1) 어린이 및 청소년 대상 교육

- 초·중·고등학교에서 화재 대피 훈련 및 응급처치 교육을 진행한다.
- 체험형 소방 안전 학습장을 운영하여 실제 상황을 경험하도록 한다.

(2) 기업 및 공공기관 소방 훈련

- 사업장과 공공기관에서 의무적으로 화재 대응 훈련을 하며, 직장 내 소방 책임자를 지정하여 소방 교육을 진행한다.

2) 소방 홍보 및 캠페인 운영

(1) 소방의 날 행사 및 홍보 캠페인

- 매년 11월 9일 소방의 날을 기념하여 소방 활동을 홍보하고 대국민 소방 교

육을 강화한다.

- 미디어 및 SNS를 활용한 화재 예방 홍보 콘텐츠를 제작하여 국민의 인식을 개선한다.

(2) 지역사회와 연계한 소방 캠페인

- 지역 주민을 대상으로 한 소방 안전 캠페인을 정기적으로 개최하여, 자율적인 화재 예방 활동을 장려한다.

3 소방공무원법 및 소방 행정 체제

3.1 소방공무원법 개요

소방공무원법은 소방공무원의 법적 지위, 임무, 복무 및 권한을 규정하는 법률로, 소방 조직의 체계적인 운영과 소방공무원의 업무 수행을 명확하게 규율한다. 이 법은 국가적 재난 대응 능력을 강화하고, 국민의 생명과 재산을 보호하는 것을 궁극적인 목표로 한다. 소방공무원법의 적용 범위는 중앙 소방 조직(소방청)과 지방 소방 조직(시·도 소방본부 및 소방서)에 소속된 모든 소방공무원에 해당한다.

1. 소방공무원법의 목적과 법적 근거

1) 소방공무원법의 제정 배경 및 법적 근거

소방공무원법은 대한민국에서 소방 조직이 효율적으로 운영될 수 있도록 소방공무원의 임무, 계급 체계, 복무규정 및 법적 보호 조치 등을 명확하게 규정하는 법령이다.

- 1970년대 이후 대형 화재가 빈번하게 발생하면서, 체계적인 소방 공무 체계의 필요성이 증대되었다.
- 1977년 「소방공무원법」이 제정되었으며, 이후 지속적인 개정을 통해 현대적 소방 체계에 맞게 발전하였다.
- 2020년 4월 1일부로 소방공무원이 국가직으로 일원화되면서, 소방 조직의 운영 방식이 변화하였다.

2) 주요 개념 및 적용 범위

- 소방공무원은 화재진압, 구조·구급, 위험물 및 재난 관리 업무를 수행하는 공무원을 의미하며, 모든 소방 조직에서 근무하는 인력을 포함한다.
- 소방공무원법은 소방공무원의 임명, 복무, 직무, 인사, 보수 및 연금 등에 관한 사항을 규정한다.

표 1.7 소방공무원법의 주요 내용

구분	내용
목적	소방공무원의 권한과 의무 규정, 직무 수행 기준 확립
적용 범위	중앙(소방청) 및 지방 소방 조직(시·도 소방본부, 소방서) 소속 공무원
주요 내용	임용, 승진, 복무, 급여, 교육, 징계 및 법적 보호 조항 포함
개정 현황	1977년 제정 이후 2020년 국가직 일원화 개정 포함

2. 소방공무원의 신분과 법적 지위

1) 국가직 소방공무원으로의 일원화 개요

2020년 4월 1일부터 대한민국의 모든 소방공무원은 국가직으로 전환되었다. 이전까지는 국가직과 지방직이 이원화된 체계였으나, 소방공무원의 안정적인 복무 환경 조성을 위해 국가직으로 일원화되었다.

(1) 국가직 일원화 전

- 국가직 소방공무원: 중앙 소방청 소속 인력
- 지방직 소방공무원: 시·도 소방본부 및 소방서 소속 인력

(2) 국가직 일원화 후

- 모든 소방공무원이 국가직 소속으로 전환됨
- 인사·복무·예산이 중앙정부(소방청)에서 일원적으로 관리됨

2) 공무원으로서의 법적 의무와 권리

소방공무원은 국가공무원법과 소방공무원법에 따라 다양한 권리와 의무를 진다.

(1) 법적 의무

- 국민의 생명과 재산 보호를 위한 신속한 대응
- 소방시설 유지·점검 및 재난 대응 업무 수행
- 직무 수행 시 청렴성 유지 및 비밀 엄수 의무

(2) 법적 권리

- 위험한 업무 수행 시 법적 보호 조치 적용(공무상 손실 보상 및 순직 처리)
- 직무 수행 중 발생한 피해에 대한 보상 및 복지 혜택 제공
- 승진 및 교육 기회 보장

3. 소방공무원의 계급 및 직위 체계

소방공무원은 계급에 따라 직위와 역할이 다르며, 소방 조직 내에서의 지휘·감독 체계가 명확히 구분되어 있다.

표 1.8 소방공무원의 주 계급 및 역할

계급	계급장	주요 역할
소방총감	태극(대) 4개, 태극(소) 20개, 육각수 120개	대한민국 소방 조직 총괄, 소방청장으로서 정책 결정 및 전국 소방 행정 지휘
소방정감	태극(대) 3개, 태극(소) 15개, 육각수 90개	소방청 차장·서울소방재난본부장·경기소방재난본부장으로서 소방청장을 보좌하며 주요 소방 정책 수립 및 실행 감독
소방감	태극(대) 2개, 태극(소) 10개, 육각수 60개	시·도 소방본부장, 지방 소방 행정 총괄 및 대형 재난 대응 계획 수립
소방준감	계급 태극(대) 1개, 태극(소) 5개, 육각수 30개	소방청 국장급 또는 주요 시·도 소방본부 차장으로서 정책 집행 및 지역별 소방 전략 수립
소방정	계급 태극 4개, 육각수 24개	소방서장 및 소방본부 과장급 역할 수행, 지역 내 화재 대응 지휘
소방령	계급 태극 3개, 육각수 18개	소방서 내 주요 부서장, 현장 지휘 및 소방 행정 업무 담당
소방경	태극 2개, 육각수 12개	소방서 내 팀장급 역할 수행, 화재진압 및 구조·구급 활동 지휘
소방위	태극 1개, 육각수 6개	현장 지휘관, 팀 운영 및 신임 소방공무원 교육 담당
소방장	육각수 4개	소방대원 지휘 및 주요 현장 대응, 초기 화재진압 및 인명 구조 책임
소방교	육각수 3개	화재진압 및 구조·구급 활동 수행, 팀 단위 업무 보조
소방사	육각수 2개	신임 소방공무원, 기본 화재진압 및 재난 대응 업무 수행
소방사 시보	육각수 1개	소방사가 되기 전 일정 기간의 실무연습 단계. 정규 공무원이 아니며, 교육훈련 성적에 따라 면직 가능

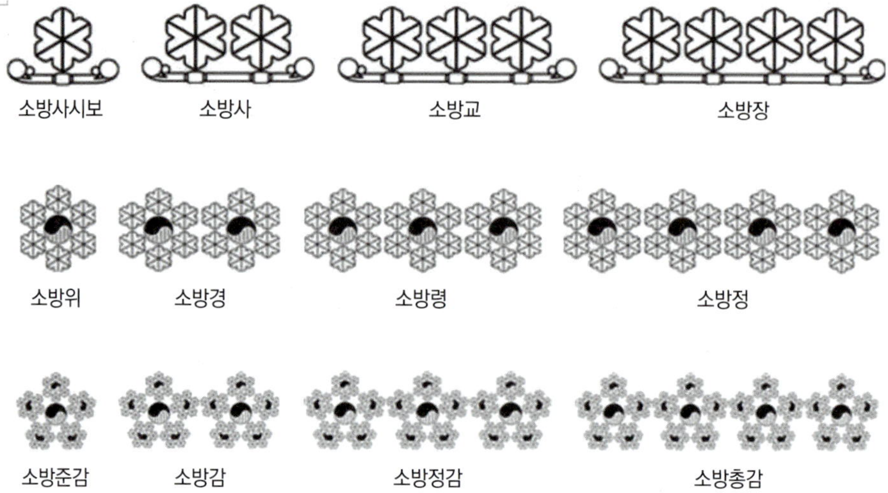

그림 1.17 **소방공무원의 계급 문양**

소방 계급의 문양은 크게 육각수와 태극으로 구성돼 있다. 육각수와 태극 모양이 많으면 많을수록 계급이 높아진다. 중간관리자부터 계급에 태극 문양이 들어간다. 따라서 소방위~소방정이 중간관리자급에 해당하고, 소방준감~소방총감은 고위관리자급에 해당한다. 한편, 문양의 육각수는 맑은 소방용수와 투명한 신념의 소방청을 의미한다.

소방공무원의 계급과 직위 체계는 조직 내 역할을 명확하게 구분하며, 계급별 책임과 임무를 체계적으로 운영할 수 있도록 한다. 특히, 현장 대응을 담당하는 소방사·소방교·소방장은 화재진압 및 구조 활동의 핵심 인력으로 활약하며, 소방위 이상의 계급은 지휘 및 행정 임무를 수행한다.

소방 조직의 효율적인 운영을 위해 계급별 승진 요건과 직무 수행 기준이 엄격하게 적용되며, 지속적인 교육과 훈련이 필수적으로 요구된다.

이와 같이 소방공무원법과 계급 체계를 구체적으로 정리함으로써, 소방 조직의 체계적인 운영을 설명하고 소방공무원의 법적 지위와 책임을 명확하게 정의할 수 있다. 다음 절에서는 소방공무원의 인사 및 복무 체계에 대해 더욱 상세하게 다루도록 한다.

3.2 소방공무원의 인사 및 복무 체계

소방공무원의 인사 및 복무 체계는 국민의 생명과 재산 보호라는 핵심 임무를 수행하기 위해 체계적이고 엄격한 기준을 따른다. 채용부터 승진, 교육·훈련, 복무 및 보수, 근무 형태까지 명확한 절차를 거쳐 운영되며, 이를 통해 신속하고 효과적인 소방 활동이 가능하게 한다.

1. 소방공무원의 채용 및 승진

1) 소방공무원의 채용 절차

소방공무원의 채용은 국가직 공무원 시험을 통해 이루어지며, 소방청에서 일괄적으로 관리한다. 채용 시험은 소방사 신규 채용을 기본으로 하며, 일정한 경력을 가진 경우 특채 또는 경채(경력경쟁 채용) 방식으로 채용되기도 한다.

(1) 공개경쟁 채용(공채)

- 소방공무원 시험(필기시험, 체력 시험, 면접 등)을 통해 신입 소방공무원을 선발
- **응시 자격**: 만 18세 이상, 소방 관련 전공 또는 국가자격증 소지자 우대
- **시험 과목**: 한국사, 영어, 소방학 개론, 소방 관계 법규, 행정법 등

(2) 경력경쟁 채용(경채 및 특채)

- 일정 경력을 갖춘 소방관 또는 특정 기술(화학, 전기, 구조·구급 분야) 보유자를 대상으로 채용
- 구조·구급 분야는 별도의 체력 시험 및 실기시험을 추가로 시행

표 1.9 소방공무원 채용 유형 및 절차

채용 유형	대상	내용
공개경쟁 채용(공채)	일반 응시자	필기시험 → 체력 시험 → 면접 → 신체검사
경력경쟁 채용(경채)	특정 분야 경력자	서류심사 → 필기 및 실기시험 → 면접
특별채용(특채)	군 소방·응급 의료 경력자 등	서류심사 → 체력 시험 → 면접

2) 승진 기준 및 평가 방식

소방공무원의 승진은 계급과 직위별 승진 시험 및 근무 평가를 통해 이루어진

다. 승진 시험은 일반 승진과 특채 승진이 있으며, 일정 기간 근무 후 시험을 통해 상위 계급으로 진급할 수 있다.

(1) 승진 요건
- 근속 연수 충족
- 승진 시험 통과
- 소방업무 수행 실적 및 평가 점수 반영
- 특정 계급 이상은 고위 공직자 선발 과정 적용

(2) 승진 시험 과목 및 평가 방식
- 실무 능력 평가
- 화재진압 및 구조·구급 실기시험
- 리더십 및 조직 관리 평가

2. 소방공무원의 교육 및 훈련

1) 신임 소방공무원 교육 및 현장 실습

신임 소방공무원은 채용 후 중앙 및 지방 소방학교에서 일정 기간 교육을 필수적으로 이수해야 한다.

(1) 교육 과정(6개월 내외)
- 기본 소방 지식 및 법령 교육
- 체력 및 실전 훈련(화재진압, 구조·구급)
- 현장 실습(소방서 및 119안전센터 배치)

2) 보수 교육 및 특수 훈련 과정

소방공무원은 일정 근속 기간마다 보수 교육을 이수해야 하며, 특수 소방업무(항공 소방, 화학·방사능 대응 등)에 필요한 훈련을 수행해야 한다.

(1) 보수 교육(5년 단위 필수 이수)
- 새로운 화재진압 기술 및 재난 대응 훈련
- 응급 의료 및 구급법 최신 동향 학습

(2) 특수 훈련 과정
- 특수 화재(유류, 화학물질, 고층 빌딩) 진압 훈련
- 산악·수난 구조 훈련
- 대테러 및 방사능·생물학적 재난 대응 훈련

표 1.10 소방공무원의 특수 훈련 과정

훈련 유형	주요 대상	교육 내용
유류·화학 화재진압	특수 소방대	화학 화재 특수 소방 장비 운용
대테러·방사능 대응	위험물 대응팀	방사능 및 생물학적 위험물 대응
산악·수난 구조	구조·구급팀	산악 인명 구조, 수중 구조

3. 소방공무원의 복무 및 보수

1) 근무 형태(교대 근무, 비상 대기 근무 등)

소방공무원은 3조 2교대 또는 4조 2교대 근무가 기본이며, 24시간 근무 후 48시간 휴무 방식이 일반적이다.

- **출동 대기 근무**: 24시간 대기하며 즉시 출동할 수 있어야 함
- **비상근무 체계**: 대형 재난 발생 시 즉시 소집
- **일반 행정 근무**: 주 5일, 09:00~18:00 근무

표 1.11 소방공무원 근무 형태

근무 형태	교육 내용
3조 2교대	24시간 근무, 48시간 휴무
4조 2교대	24시간 근무, 72시간 휴무
비상 대기 근무	대형 재난 발생 시 즉시 출동

2) 보수 체계 및 복지제도

소방공무원의 급여는 국가 공무원 급여 체계에 따라 지급되며, 위험수당 및 특수 근무 수당이 포함된다.

- 기본 급여 + 수당(위험수당, 야간근무수당, 구조 수당 등) 포함
- 소방공무원 전용 의료 지원 제도 운영
- 재해보상금 및 공무상 순직 보상 적용

표 1.12 소방공무원의 급여 체계

항목	지급 기준
기본 급여	계급별 차등 지급
위험수당	화재진압, 구조 업무 수행 시 지급
야간근무수당	야간 근무 시 추가 지급
순직 보상	공무 수행 중 사망 시 보상금 지급

이처럼 소방공무원의 인사 및 복무 체계는 철저한 교육과 훈련, 체계적인 승진 및 보수 체계를 바탕으로 운영되며, 소방 조직의 효율적 운영과 공무원의 복지 향상을 동시에 고려하고 있다.

3.3 소방 행정 체제 및 운영 방식

소방 행정 체제는 국가와 지방 소방 조직이 유기적으로 협력하여 국민의 생명과 재산을 보호하는 임무를 수행하도록 구성된 행정체계이다. 대한민국의 소방 행정은 중앙 소방청과 지방 소방본부 및 소방서로 이원화되어 있으며, 이들 조직은 법률과 규정을 기반으로 운영된다. 특히, 최근 국가직 소방공무원 일원화와 함께 행정체계가 변화하면서, 더 체계적인 소방 행정 운영이 가능해졌다.

1. 소방 행정 체제 개요

1) 중앙 소방 행정(소방청)과 지방 소방 행정(시·도 소방본부 및 소방서)

대한민국의 소방 행정 체제는 중앙과 지방이 각각의 임무를 수행하면서도 상호 협력하는 구조로 운영된다.

(1) 소방청(중앙 소방 조직)의 역할
- 전국 소방 정책 수립 및 법령 개정
- 대형 재난 발생 시 전국 소방력 조정
- 소방 연구·개발 및 신기술 도입
- 소방공무원 교육·훈련 시스템 운영

(2) 지방 소방 조직(시·도 소방본부 및 소방서)의 역할
- 지역 특성에 맞춘 화재 예방 및 재난 대응 정책 수립
- 지역 내 소방시설 점검 및 주민 대상 소방 교육 운영
- 긴급 구조·구급 서비스 제공 및 출동 체계 유지

2) 국가와 지방 간 협력 구조

소방청과 지방 소방 조직 간 협력은 재난 발생 시 신속한 대응을 가능하게 한다.

(1) 대형 재난 발생 시 소방청의 역할
- 전국적인 소방력 배치 및 추가 지원 결정
- 재난 상황 발생 시 중앙 긴급 소방 지원단 파견

- 다국적 재난 대응 협력 체계 구축

(2) 지방 소방본부의 역할

- 시·도 단위에서의 초기 대응 및 지역 소방력 운용
- 지역별 재난 대비 훈련 주관
- 지역 주민 대상 재난 대비 교육 시행

표 1.13 중앙과 지방 소방 조직의 협력 체계 비교

구분	중앙 소방청	시·도 소방본부 및 소방서
주요 역할	국가 차원의 소방 정책 수립	지역 내 소방 행정 및 대응
법령 관리	법률 제정 및 정책 결정	법령 적용 및 집행
긴급 대응	대형 재난 시 전국 소방력 조정	지역 내 화재 및 재난 대응

3.4 소방공무원의 재난 대응 역할 및 직무 수행

소방공무원은 화재뿐만 아니라 각종 재난 상황에서 신속하게 대응하는 임무를 수행한다. 재난의 규모와 특성에 따라 중앙 및 지방 소방 조직 간 협력을 통해 효과적인 대응 체계를 마련한다.

1. 재난 발생 시 소방공무원의 역할

1) 국가 재난 및 대형 화재 대응 체계

소방공무원은 산불, 홍수, 지진, 테러, 방사능 및 화학 재난 등 다양한 재난 상황에서 활동한다.

(1) 대형 화재 및 산업재해 대응

- 초고층 건물 화재 및 복합 재난 대응
- 공장 폭발 사고 및 유해 물질 누출 대응

(2) 자연재해(홍수, 지진, 태풍 등) 발생 시 구조 활동

- 대형 홍수 및 지진 발생 시 긴급 구조대 운영
- 재해 발생 후 이재민 구호 및 의료 지원

(3) 위험물 및 방사능 사고 대응

- 위험물 저장시설 화재 시 특수 화학 소방대 출동
- 방사능·화학물질 사고 대응을 위한 보호 장비 운용

2. 특수 직무 수행 소방공무원

특수 환경에서의 재난 대응을 위해 전문적인 소방 조직이 운영되고 있다.

표 1.14 특수 직무 수행 소방공무원의 주요 역할

직무	주요 역할
화재 조사관	화재 원인 분석 및 감식, 법적 조사 수행
특수구조대	산악·수난 구조, 고층 건물 화재 구조
항공 소방대	헬기 화재진압, 응급환자 이송

(1) 화재 조사관

- 화재 원인 분석 및 감식 수행
- 법적 조사 및 보험 사기 방지를 위한 감식 수행

(2) 특수구조대

- 산악·수난 구조 및 교통사고 구조
- 고층 건물 및 폐쇄된 공간에서의 구조 활동

(3) 항공 소방대

- 헬리콥터를 이용한 산불 진화 및 구조 활동
- 오지 및 도서 지역에서의 응급환자 이송

3.5 소방공무원법 및 행정체계의 발전 방향

소방 행정 체제와 소방공무원법은 지속해서 발전하고 있으며, 변화하는 재난 환경에 대응하기 위해 첨단 기술 도입 및 국제 협력 강화를 추진하고 있다.

1. 소방공무원 인사·복무 제도의 개선 방안

1) 승진 기회 확대 및 교육 강화

(1) 승진 기회 확대

- 일정 경력 이상자의 승진 기회 보장
- 계급별 시험 제도 개선 및 전문성 평가 반영

(2) 교육 강화

- 해외 소방 조직과 협력하여 최신 재난 대응 기법 도입

- 첨단 소방 기술을 적용한 스마트 훈련 시스템 도입

2. 소방 행정체계의 발전 방향

1) 스마트 소방 행정 시스템 도입(빅데이터, AI 활용)

(1) AI 기반 화재 예측 시스템 구축

- 데이터 분석을 통한 화재 발생 위험 예측
- 드론 및 로봇을 활용한 무인 소방 대응 시스템 개발

(2) 스마트 119 신고 시스템 구축

- GPS 기반 자동 신고 시스템 도입
- AI 분석을 활용한 긴급 출동 최적화

2) 국가 및 국제 협력 강화를 통한 재난 대응 체계 개선

(1) 국제 협력 확대

- 해외 소방기관과 협력하여 재난 대응 기술 공유
- 국제 재난 대응 훈련 참여 확대

(2) 국가 간 재난 구조 협정 체결

- 아시아 및 유럽 국가들과 협력하여 대형 재난 발생 시 신속한 공동 대응 체계 구축

이처럼 소방공무원법 및 행정체계는 첨단 기술 도입, 국제 협력 확대, 교육 강화 등 다양한 측면에서 발전하고 있으며, 국민의 안전을 최우선으로 하는 방향으로 개선되고 있다.

4 소방의 역할과 임무

소방 조직은 화재 예방, 화재진압 및 구조·구급, 재난 대응 및 복구, 소방 교육 및 홍보 활동을 통해 국민의 생명과 재산을 보호하는 임무를 수행한다. 현대 사회에서 소방 조직은 단순한 화재 대응을 넘어 각종 자연재해, 산업재해, 테러, 감염병 대응 등 광범위한 재난 대응 업무까지 수행하며, 점차 그 중요성이 확대되고 있다.

4.1 화재 예방 및 안전관리

화재 예방은 사전 점검 및 단속을 통해 화재 발생을 최소화하고, 화재 위험 요소를 분석하여 사전에 대응하는 활동을 포함한다.

1. 화재 예방을 위한 법규 및 정책

- **소방기본법**: 화재 예방 및 대응을 위한 법적 근거 마련
- **화재예방, 소방시설 설치·유지 및 안전관리에 관한 법률**: 소방시설 설치 기준 및 유지·관리 방안
- **위험물안전관리법**: 위험물 취급 및 저장시설의 화재 예방 기준 설정

2. 소방 점검 및 단속 활동

- **정기 소방 점검**: 건축물의 소방시설 유지·관리 여부 점검
- **특별 소방 점검**: 대형 행사 또는 계절별(겨울철, 명절 등) 화재 취약 기간에 시행
- **위반 사항 단속 및 조치**: 불법 소방시설 차단 행위 단속 및 법적 조치 시행

3. 화재 위험 분석 및 예방 대책

- AI 기반 화재 위험 예측 시스템 운영
- 위험지역 맞춤형 화재 예방 대책 수립
- 고위험 건물 대상 화재 예방 훈련 및 교육

4.2 화재진압과 구조·구급 활동

1. 119 화재 출동 및 화재진압 과정

1) 화재 신고 및 출동 과정

화재 발생 시 119 신고 센터에서 신고를 접수하고, 가장 가까운 소방서에서 즉시 출동 명령을 내린다. 소방 차량과 소방대원들은 화재 유형과 규모에 따라 적절한 장비를 갖추고 신속하게 현장으로 이동한다.

(1) 신고 접수 및 분석

- 119 신고센터에서 화재 발생 위치 및 상황 접수
- 화재 규모 및 유형 분석(주거 화재, 산업시설 화재, 차량 화재 등)

(2) 소방대 출동 및 초기 대응

- 신고 접수 후 30초 이내 출동 명령 발령
- 현장 도착까지 평균 5분 내외 소요
- 초기 진압을 위한 소방 호스 전개 및 방수 개시

2) 화재진압 전술 및 대응 전략

화재의 성격과 규모에 따라 진압 전략이 달라지며, 소방대원들은 다양한 기술을 활용하여 화재를 효과적으로 제어한다.

(1) 일반 건물 화재진압

- 초기에 소화수, 포 소화약제, 분말 소화약제 사용
- 건물 내부 연기 및 열기 확산 방지를 위한 방화문 차단 및 환기 전략 적용

(2) 고층 건물 화재 대응

- 고가 사다리차 및 소방 로프 시스템 활용
- 내부 대피 유도를 위한 피난 안내 방송 및 비상계단 확보
- 지하 시설 및 터널

(3) 화재진압

- 열기 및 유독가스 제거를 위한 배연 장치 가동
- 자가 호흡 장치 및 열화상 카메라 활용

(4) 산불 및 대형 야외 화재 대응

- 소방헬기 및 산불 진화용 특수 장비 활용
- 화재 확산을 막기 위한 방화선 구축 및 인공강우 지원

3) 화재진압 후 사후 조치 및 피해 복구 지원

(1) 잔불 정리 및 추가 피해 방지

- 소방대원들이 불씨 제거 및 추가 발화 방지 작업 수행
- 건물 안전 점검 및 붕괴 위험 분석

(2) 화재 원인 조사 및 감식

- 화재 감식반이 현장에서 화재 원인 분석
- 법적 책임 여부 조사 및 보험 관련 감식 보고서 작성

(3) 복구 및 안전 점검 지원

- 피해 건축물의 소방시설 점검 및 수리 조치
- 피해 지역 주민 대상 화재 안전교육 실시

2. 구조 및 응급 의료 지원 활동

소방 조직은 단순히 화재진압뿐만 아니라 각종 재난 현장에서 구조 및 응급 의료 지원 활동을 수행하며, 이는 인명 구조 및 신속한 응급조치, 의료기관과의 연계까지 포함한다.

1) 구조 활동의 주요 유형

(1) 건물 붕괴 및 재난 구조

- 건물 붕괴 사고 시 구조견 및 생체 감지기를 활용한 생존자 탐색
- 고립자 구조를 위한 유압 절단기, 공기 팽창식 리프트 사용

(2) 교통사고 및 차량 구조

- 대형 교통사고 발생 시 차량 문 개방 및 탑승자 구조
- 연료 유출로 인한 2차 사고 예방을 위한 차량 안정화 조치

(3) 고층 및 지하 공간 구조

- 고층 건물 구조 시 고가 사다리차 및 로프 하강 장비 활용
- 지하철 화재 발생 시 열화상 카메라를 이용한 탐색 및 유독가스 제거 작업

(4) 수난 및 익수자 구조

- 강, 바다, 호수에서 구조 활동 수행
- 잠수장비 및 특수 구조 보트 활용

(5) 화학·방사능 사고 대응

- 화학 보호복 및 방사능 차폐 장비를 갖춘 특수구조팀 투입
- 방사능 및 유해 화학물질 제거 작업 수행

2) 응급 의료 지원 및 119구급 시스템

소방 조직은 구조 활동과 함께 응급 의료 지원을 수행하며, 이를 위해 119구급대가 운영된다.

(1) 119 응급 출동 및 현장 응급조치

- 심정지 환자 발생 시 심폐소생술(CPR) 및 자동제세동기(AED) 사용
- 출혈 환자에 대한 응급 지혈 및 골절 환자 응급처치

(2) 병원 후송 및 응급 이송 체계

- 중증 외상 환자는 권역응급의료센터로 신속 이송
- 병원과 협력하여 119구급차 내 실시간 의료 데이터 전송 시스템 활용

(3) 의료진과 협력한 재난 대응 체계 구축

- 감염병 대응을 위한 음압형 구급차 운영
- 다수 사상자 발생 시 재난의료지원팀(DMAT)과 공동 대응

3) 특수 구조·구급팀 운영

(1) 특수 재난 구조대(SRT, Special Rescue Team)

- 건물 붕괴, 산업재해, 광산사고 대응 전문 구조팀
- 고압 전기사고 및 가스 누출 사고 전문 대응

(2) 소방항공대(헬기 구조팀)

- 산악·해상 사고 구조 및 환자 긴급 이송 수행
- 대형 산불 발생 시 항공 화재진압

(3) 구조로봇 및 드론 활용팀

- 붕괴 현장 및 고위험 지역에서 구조 드론 및 로봇을 활용한 탐색 작업
- 유독가스 사고 지역에서 무인 로봇을 이용한 초기 대응 수행

3. 화재진압 및 구조·구급 출동 통계 분석

표 1.15 119 출동 및 구조·구급 활동 현황

연도	화재 출동(건)	구조 출동(건)	구급 출동(건)
2021	35,000	150,000	500,000
2022	38,500	155,200	510,300
2023	40,000	160,500	520,700

그림 1.18 주요 화재진압 및 구조 활동 사례

이처럼 소방 조직은 화재진압, 구조·구급 활동을 통해 국민의 생명과 재산을 보호하는 핵심 임무를 수행하며, 최신 기술과 전문 인력을 활용하여 보다 신속하고 정밀한 재난 대응을 지속해서 발전시키고 있다.

4.3 재난 대응 및 긴급 복구

1. 자연재해 및 인적 재해 대응

소방 조직은 단순한 화재 대응을 넘어 태풍, 지진, 홍수와 같은 자연재해 및 폭발, 건물 붕괴 등 인적 재해 발생 시 구조 및 복구 활동을 수행한다.

그림 1.19 **자연재해 및 인적 재해 발생 시 소방 대응 절차**

1) 자연재해 대응

(1) 태풍·홍수 대응

- 침수 지역 대피 지원 및 배수 작업 수행
- 응급 구호소 운영 및 구조 활동 지원

(2) 지진 대응

- 붕괴 건물 수색 및 생존자 구조
- 잔해 제거 및 긴급 복구 지원

2) 인적 재해 대응

(1) 대형 폭발 사고 대응

- 산업단지, 주유소, 화학 공장 폭발 시 특수 화재진압 기법 적용
- 유독가스 및 화학물질 누출 대응을 위한 특수 장비 운용

(2) 교통사고 및 건물 붕괴 사고 구조

- 고속도로 다중 충돌 사고 시 긴급 구조 및 구급 활동 수행
- 건물 붕괴 시 탐지 장비 활용한 생존자 구조

2. 긴급 구조 및 복구 지원 시스템

소방 조직은 국가 재난 발생 시 신속한 대응을 위해 긴급 구조 및 복구 지원 시스템을 운영하고 있다.

(1) 소방 특수구조대 운영

- 특수 화재, 방사능·생화학 테러, 고층 건물 구조 작업 담당

(2) 국가재난관리센터 협력 시스템

- 중앙 및 지방 소방본부 간 실시간 정보 공유 및 대응 전략 수립

표 1.16 소방 긴급 구조 및 복구 지원 사례

재난 유형	긴급 구조 지원 활동
태풍	이재민 대피 지원 및 침수 복구
대형 화재	잔불 정리 및 피해 건물 구조 평가
지진	붕괴 건물 구조 및 피해 복구 지원

4.4 소방 교육 및 홍보 활동

소방 교육과 홍보 활동은 국민이 스스로 화재 및 재난 상황에 대비하고 대응할 수 있도록 유도하는 중요한 임무를 수행한다.

1. 국민 안전교육 및 훈련

(1) 어린이 및 청소년 대상 화재 대피 훈련

- 유치원, 초·중·고등학교에서 체험형 훈련 진행

(2) 성인 대상 응급처치 및 화재 대응 교육
- 기업 및 공공기관에서 소방훈련과 함께 진행
- CPR(심폐소생술) 및 AED(자동제세동기) 사용법 교육

2. 기업 및 공공기관 대상 소방 훈련

(1) 자위소방대 운영 지원
- 대형 건물 및 산업시설의 자위소방대 조직 및 교육
- 정기 소방 훈련 및 비상 대피 훈련 실시

(2) 산업시설 화재 예방 교육
- 위험물 취급 사업장, 공장, 물류센터 대상 교육
- 대형 화재 사례 분석 및 대응 시뮬레이션 훈련 진행

3. 화재 예방 홍보 및 캠페인

(1) 소방의 날 행사 운영
- 소방관과 시민이 함께하는 화재 예방 캠페인 개최
- 소방 장비 체험 및 소방 역사 전시 진행

(2) 미디어 및 SNS를 활용한 홍보 콘텐츠 제작
- 유튜브, 인스타그램, 블로그 등을 활용한 소방 안전 콘텐츠 제작
- 가상현실(VR)을 활용한 화재 대피 시뮬레이션 체험 콘텐츠 운영

표 1.17 소방 홍보 활동의 유형 및 효과

홍보 방법	주요 내용	기대 효과
TV 및 라디오 광고	화재 예방 및 소방 안전 수칙 홍보	대중의 관심 유도
SNS 홍보	카드뉴스, 영상 콘텐츠 제작	젊은 층의 참여 확대
오프라인 캠페인	시민 체험 행사 및 소방 안전 박람회	현장 체험을 통한 학습 효과 증대

소방 조직은 화재 예방, 화재진압, 구조·구급, 재난 복구, 교육 및 홍보 활동을 통해 국민의 생명과 재산을 보호하고, 안전한 사회를 구현하기 위한 임무를 수행하고 있다.

▣ 참고문헌

- 소방청, 소방청 조직 및 운영 체계, 소방청, 2023.
- 행정안전부, 재난 및 안전관리 기본법, 국가법령정보센터, 2023.
- 소방방재청, 한국 소방 역사 및 조직 발전 과정, 소방방재청 보고서, 2021.
- 국립소방연구원, 소방조직의 효율적 운영 방안 연구, 국립소방연구원, 2022.
- NFPA, NFPA 1201: Standard for Providing Fire and Emergency Services to the Public, 2022.
- ISO, ISO 22320: Emergency Management – Requirements for Incident Response, 2021.
- 한국소방안전원, 소방조직과 법규 개론, 한국소방안전원, 2021.
- British Standards Institution (BSI), BS 9999: Fire safety in the design, management and use of buildings, 2020.
- European Union (EU), Eurocode 1: Actions on Structures - Fire Actions, 2021.
- R. Craig Schroll, Industrial Fire Protection Handbook, CRC Press, 2020.

Chapter 02

소방 관련 법규

학습 목표

- 소방기본법의 제정 목적과 국가 및 지방정부의 역할을 이해하고 설명할 수 있다.
- 화재예방, 소방시설 설치·유지 및 안전관리에 관한 법률의 주요 내용을 파악하고, 소방시설의 설치 및 유지 기준을 적용할 수 있다.
- 위험물안전관리법의 주요 조항을 이해하고, 위험물 저장 및 취급 기준을 실무에 적용할 수 있다.
- 재난 및 안전관리 기본법을 바탕으로 국가 및 지방 소방 조직의 재난 대응 체계를 설명할 수 있다.
- 주요 소방 법규의 개정 사항을 분석하고, 법률 개정이 소방 행정과 실무에 미치는 영향을 평가할 수 있다.
- 실제 화재 및 재난 사례를 통해 법적 절차가 적용된 과정을 분석하고, 소방 법규의 중요성을 이해할 수 있다.

1 소방기본법

1.1 소방기본법의 개요와 목적

1. 법의 제정 배경 및 기본 원칙

소방기본법은 화재 예방 및 진압, 구조·구급 활동, 재난 대응을 체계적으로 수행하기 위한 법적 근거를 마련하고, 소방 조직의 역할과 책임을 명확히 규정하기 위해 제정되었다. 과거에는 개별 법률과 조례를 통해 소방 행정이 운영되었으나, 국가 차원의 통일된 법령이 필요함에 따라 1958년 '소방법'이 최초로 제정되었고, 이후 2003년 '소방기본법'으로 개정되면서 소방의 역할이 더 명확해졌다.

소방기본법의 제정 목적은 다음과 같다.

1) 국민의 생명과 재산 보호

- 화재 및 재난으로부터 국민을 보호하기 위한 체계적인 대응 마련

2) 소방 조직의 법적 기반 확보

- 소방 조직의 임무 및 권한을 법적으로 명시하여 운영의 일관성 확보

3) 긴급 출동 및 재난 대응 체계 확립

- 신속한 소방 출동을 보장하고 재난 시 강제 처분권 부여

2. 소방의 역할과 국가 및 지방정부의 책임

소방기본법은 소방업무를 국가와 지방정부가 분담하여 수행하도록 규정하고 있다.

1) 국가의 역할

- 소방 정책 수립 및 법률 제정
- 대형 재난 발생 시 전국 소방력 조정
- 소방 연구·개발 및 교육훈련 체계 구축

2) 지방정부의 역할

- 지역 내 화재 예방 및 대응 계획 수립
- 소방시설 점검 및 안전 지도
- 지역별 구조·구급 서비스 운영

1.2 소방기본법의 주요 내용

1. 화재 예방 및 진압의 법적 근거

소방기본법은 화재 예방과 화재진압을 위한 법적 근거를 제공하며, 소방대의 역할을 구체적으로 규정하고 있다.

- 화재 예방을 위한 점검 및 단속 조항 포함
- 특정 시설의 소방 안전대책 수립 의무 명시
- 화재 발생 시 소방대의 긴급 진압 권한 보장

2. 소방대원의 임무 및 권한

소방기본법에 따르면 소방대원은 다음과 같은 역할과 권한을 가진다.

1) 화재 예방 활동

- 건축물 소방시설 점검 및 안전교육 실시
- 방화관리자 및 소방 안전관리자 지도·감독

2) 화재진압 및 구조·구급 활동

- 화재 현장 접근 및 진압 작전 수행
- 구조 활동 수행(붕괴, 익수자 구조 등)
- 응급환자 처치 및 의료기관 이송

3) 긴급 출동 및 강제처분 권한

- 화재 및 재난 발생 시 소방대의 신속 출동 보장
- 인명 구조 및 화재 확산 방지를 위한 강제처분(출입·통제) 가능

3. 긴급 출동 및 강제처분 조항

소방대원은 화재 또는 재난 발생 시 긴급 출동하여 구조 및 진압 작업을 수행하며, 공공의 안전을 위해 강제처분을 할 수 있다.

1) 출동 및 현장 진입 권한

- 신고 접수 후 즉시 출동하여 재난 현장에 진입할 수 있음
- 건축물 내 출입 제한이 있는 경우에도 진입 가능

2) 화재진압 및 방화 조치

- 화재 확산 방지를 위한 긴급 조치 시행(가스 차단, 전기 공급 중단 등)
- 필요시 시설 철거 및 방화벽 설치 가능

3) 강제처분 가능 범위

- 인명 구조를 위해 문 개방, 장애물 제거 가능
- 긴급 구조를 위해 인접 건물의 일시적 사용 가능
- 현장 출입 통제 및 대피 명령 시행

4. 소방 활동 중 발생하는 법적 책임 및 보호 조치

소방 활동 중 발생하는 사고에 대한 법적 책임과 소방대원의 보호 조치를 명확히 규정한다.

1) 소방대원의 법적 보호

- 소방 활동 중 발생한 사고에 대해 형사적 면책 규정 적용.

- 공무 수행 중 부상·사망 시 보상 및 유족 지원 보장

2) 소방 활동 중 발생한 재산 피해 보상

- 강제처분으로 인한 건물·차량 손상 시 국가 또는 지방정부에서 보상 가능

1.3 소방기본법의 적용 사례

1. 대형 화재 시 소방 활동의 법적 근거

소방기본법은 대형 화재 시 소방 활동의 법적 근거를 제공하여 소방력이 신속하고 체계적으로 투입될 수 있도록 보장한다.

사례 1: 제천 스포츠센터 화재(2017년)

- 해당 법에 따라 소방대는 화재 발생 즉시 건물 강제 진입 및 인명 구조 수행
- 강제처분 조항에 따라 건물 내부 접근로 확보 및 연기 배출 작업 시행

사례 2: 이천 물류센터 화재(2020년)

- 소방대가 강제 처분권을 행사하여 연소 확대 방지를 위해 일부 구조물 철거
- 화재 원인 감식을 위한 화재 조사관 투입 및 법적 근거 적용

그림 2.1 대형 화재 시 소방 활동 사례

2. 소방력 동원 및 긴급 출동 시 법적 절차

소방기본법은 긴급 출동 및 대규모 소방력 동원 시 필요한 법적 절차를 명확히 규정하고 있다.

1) 긴급 출동 절차

- 신고 접수 후 30초 이내 출동 명령 발령
- 현장 도착 후 화재 분석 및 진압 작전 수립

2) 소방력 동원 기준

- 시·도 소방본부 단위에서 출동 인력 및 장비 배치 결정
- 대형 재난 발생 시 소방청장이 전국 소방력 동원 명령 가능

3) 법적 절차 준수

- 소방 출동 시 법적 절차에 따라 교통 통제 및 현장 관리 수행
- 강제처분 시 관련 법규에 따른 보상 절차 이행

표 2.1 소방력 동원 및 긴급 출동 관련 법적 조항 정리

구분	관련 법 조항	주요 내용	적용 사례
소방력 동원	소방기본법 제12조 (소방력 동원 명령)	대형 화재 및 재난 발생 시 소방청장이 전국 소방력을 동원할 수 있음	2020년 이천 물류센터 화재 시 인근 지역 소방서 지원 출동
긴급 출동	소방기본법 제13조 (긴급 출동 및 현장 조치)	119 신고 접수 후 즉시 출동하며, 신속한 화재 진압 및 구조 활동 수행	2017년 제천 스포츠센터 화재 시 5분 이내 긴급 출동
강제처분 권한	소방기본법 제14조 (강제처분)	소방대장이 현장 구조·진압을 위해 출입 제한 구역 진입 및 강제 조치 가능	건물 내 긴급 인명 구조를 위한 강제 개방
재난 발생 시 소방 지휘 체계	재난 및 안전관리 기본법 제16조 (재난대응체계)	대규모 재난 발생 시 중앙재난안전대책본부 및 지방재난안전대책본부가 소방 지휘	2019년 강원도 고성 산불 발생 시 중앙정부와 소방청 협력 대응
소방 활동 중 교통 통제	도로교통법 제160조 (긴급차량의 우선 통행)	긴급 출동 중 소방차의 도로 통행 우선권 부여	대도시 내 화재 진압을 위한 소방차 우선 출동 조치
화재진압 후 감식 조사	소방기본법 제25조 (화재조사)	화재 발생 후 원인 감식 및 재발 방지 대책 마련	2021년 울산 주상복합 건물 화재 조사 및 감식 활동

2 화재 예방, 소방시설 설치·유지 및 안전관리에 관한 법률

2.1 법의 목적과 적용 대상

1. 법 제정의 배경 및 필요성

화재는 예측이 어렵고, 발생 시 인명과 재산 피해가 크기 때문에 사전 예방과 철저한 대비가 필수적이다. 그러나 과거에는 건축물마다 소방시설의 설치 기준이 달랐으며, 유지·보수가 제대로 이루어지지 않아 화재 발생 시 소방시설이 정상적으로 작동하지 않는 경우가 많았다. 이에 따라 체계적인 소방시설 설치 및 유지 기준을 마련하고, 관리 의무를 명확히 하기 위해 「화재예방, 소방시설 설치·유지 및 안전관리에 관한 법률」(이하 '소방시설법')이 제정되었다.

이 법의 주요 목적은 다음과 같다.

1) 건축물 및 시설물의 화재 안전성 확보

- 건축물 및 특정 소방대상물의 화재 예방 및 안전관리 강화를 위한 법적 근거 제공

2) 소방시설의 유지·보수 및 점검 의무화

- 소방시설이 정상적으로 작동할 수 있도록 정기 점검 및 관리 기준을 법적으로 명시

3) 불법 소방시설 차단 행위 방지 및 처벌 강화

- 화재 발생 시 피난 시설 및 소방시설이 정상적으로 작동할 수 있도록 관련 법령 준수 의무 부과

2. 적용 대상(건축물, 특정 소방대상물 등)

소방시설법은 특정 소방대상물을 중심으로 적용되며, 건축물의 용도와 규모에 따라 필수적으로 설치해야 하는 소방시설이 다르다.

1) 일반 건축물

- 아파트, 사무실, 상가 등 주거 및 업무시설 포함
- 일정 규모 이상의 건축물은 자동화재탐지설비, 스프링클러, 소화기 설치 의무화

2) 다중이용시설

- 병원, 학교, 영화관, 공연장, 대형 쇼핑몰 등
- 인명 밀집도가 높은 시설로서, 강화된 소방 기준 적용
- 화재 발생 시 대피 유도를 위한 비상구, 피난 유도등, 제연설비 설치 필수

3) 위험물 저장·취급 시설

- 주유소, 공장, 화학물질 저장 창고 등
- 화재 및 폭발 위험이 큰 시설로서, 위험물안전관리법과 병행 적용
- 저장량 및 화학물질 특성에 따라 특수 소화설비 추가 설치

4) 초고층·지하 건축물

- 30층 이상 초고층 건물, 3층 이상 지하 시설물
- 대피가 어려운 구조적 특성을 고려하여 제연설비, 피난용 승강기, 비상 탈출구 설치 필수

표 2.2 특정 소방대상물별 소방시설 설치 기준 비교

구분	주요 시설 유형	필수 소방시설	추가 설치 기준
일반 건축물	아파트, 오피스, 상업시설	자동화재탐지설비, 소화기	11층 이상 건물은 스프링클러 설치 필수
다중이용시설	병원, 극장, 백화점, 학교	화재경보설비, 피난 유도등	500명 이상 수용 시 방화셔터 설치
위험물 시설	주유소, 화학 공장, 창고	유류 탱크 소화설비	위험물 저장량에 따라 특수 소화장치 추가
초고층·지하 건축물	30층 이상 건물, 지하상가	스프링클러, 제연설비	지하층 2개 이상 시 비상 탈출구 설치

2.2 소방시설 설치 및 유지 기준

1. 건축물 유형별 소방시설 설치 기준

건축물의 용도와 규모에 따라 필수적으로 설치해야 하는 소방시설이 다르며, 대표적인 소방시설은 다음과 같다.

- **소화설비**: 소화기, 자동소화장치, 스프링클러 등
- **경보설비**: 자동화재탐지설비, 비상경보 장치, 화재경보기 등
- **피난설비**: 피난 유도등, 방화문, 비상조명등 등

- **소화 활동 설비**: 소화전, 비상 급수장치, 배연설비 등

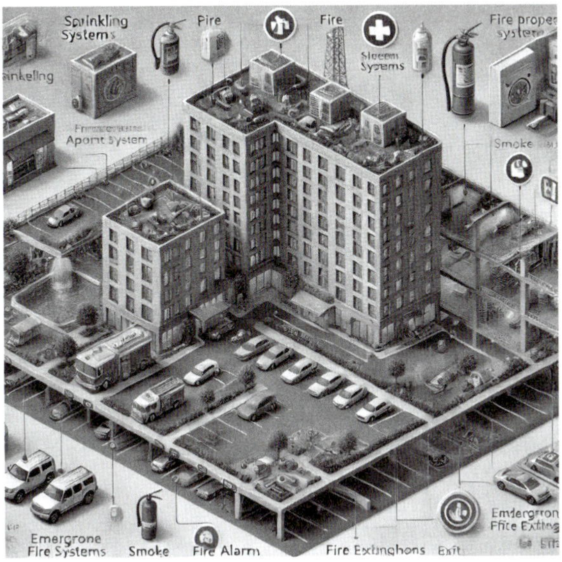

그림 2.2 **건축물 유형별 소방시설 설치 개념도**

2. 유지·보수 및 정기 점검 의무

소방시설은 설치 이후에도 지속적인 유지·보수 및 점검이 필요하며, 법적으로 시설 관리자에게 다음과 같은 의무가 부과된다.

1) 소방시설의 유지·보수

- 소방시설은 정상 작동 상태를 유지해야 하며, 고장 발생 시 즉시 수리해야 함
- 노후 소방시설은 정기적으로 교체하여 기능을 유지

2) 정기 점검 및 기록 보관

- 건축물 관리자는 매년 1회 이상 소방시설을 점검해야 하며, 점검 결과를 3년간 보관
- 특정 대형 시설(병원, 공연장 등)은 분기별 자체 점검 의무 부과

표 2.3 주요 건축물의 소방시설 점검 주기 및 기준

건축물 유형	자체 점검 주기	외부 정밀 점검 주기	비고
공동주택	연 1회	2년 1회	관리사무소 책임
병원·학교	분기별 1회	1년 1회	법적 의무 점검 포함
초고층 건물	월 1회	6개월 1회	주요 소방시설 집중 점검

2.3 위반 행위 및 처벌 규정

1. 불법 소방시설 차단 행위 단속

소방시설이 정상 작동하지 않으면 대형 인명 피해로 이어질 수 있어서, 소방시설을 고의로 차단하거나 훼손하는 행위는 강력하게 처벌된다.

1) 주요 단속 대상

- 비상구 폐쇄 및 피난통로 장애물 설치
- 소방시설의 전원 차단 및 오작동 유발 행위
- 불법 위험물 저장 및 소방시설 훼손

2. 소방시설 점검 미이행 시 행정 처분 및 벌칙

소방시설 점검을 미이행하거나 허위보고를 한 경우에는 행정 처분 및 벌칙이 부과된다.

표 2.4 주요 건축물의 소방시설 점검 주기 및 기준

위반 행위	처벌 조항	벌금 및 행정 처분
비상구 폐쇄	소방시설법 제10조	최대 500만 원 벌금
소방시설 점검 미이행	소방시설법 제25조	1차 시정명령, 2차 과태료 300만 원
허위 점검 보고	소방시설법 제27조	자격 정지 및 영업 정지

2.4 실제 적용 사례

1. 대형 화재 발생 시 건축물의 소방시설 작동 사례

- **2019년 대구 사우나 화재**: 자동화재탐지설비가 정상 작동하여 조기 대피가 가능해 인명 피해 최소화
- **2020년 이천 물류센터 화재**: 스프링클러 오작동 및 소방시설 미비로 인해 화재 확산

그림 2.3 **대형 화재 발생 시 소방시설 작동 사례 비교**

2. 특정 시설의 소방 점검 및 단속 결과

- 서울 대형 백화점 소방 점검 결과(2023년): 80% 이상 시설이 기준을 준수했지만, 일부 비상구 관리 미흡 사례 적발
- 지방 중소 공장 점검 결과(2023년): 위험물 저장시설 미신고 사례 다수 발견

표 2.5 특정 시설 소방 점검 및 단속 결과 요약

건축물 유형	점검 결과	주요 위반 사항	조치 사항
서울 대형 백화점	80% 이상 기준 준수	일부 비상구 관리 미흡	즉시 개선 명령
지방 중소 공장	위험물 저장시설 문제	미신고 위험물 저장 다수 발견	과태료 및 시정 조치
대형 병원	90% 이상 기준 준수	소방시설 점검 보고서 미비	시정명령 및 재점검 요청

이와 같이, 소방시설의 설치 및 유지 기준을 준수하는 것은 대형 화재를 예방하는 데 필수적이며, 법적 강제력을 통해 실질적인 안전 확보가 가능하다.

3 위험물안전관리법

3.1 위험물의 정의 및 관리 기준

1. 위험물의 분류 및 저장 기준

위험물안전관리법에서는 화재, 폭발, 유독성 물질로 인한 사고를 예방하기 위해 특정 기준을 충족하는 물질을 '위험물'로 정의하고 있으며, 이를 저장·취급·운반하는 시설과 방법에 대한 관리 기준을 명확하게 규정하고 있다.

1) 위험물의 분류

위험물은 연소·폭발성, 산화성, 자연 발화성, 인화성 등의 특성을 기준으로 6가지 종류로 분류된다.

표 2.6 위험물안전관리법에 따른 위험물 분류

구분	특징	예시 물질
제1류 위험물	산화성 고체	염소산염, 질산염
제2류 위험물	가연성 고체	황, 마그네슘
제3류 위험물	자연 발화성 및 금수성 물질	황린, 알칼리 금속
제4류 위험물	인화성 액체	휘발유, 알코올, 등유
제5류 위험물	자기반응성 물질	유기과산화물, 하이드라진 유도체
제6류 위험물	산화성 액체	과산화수소, 질산

2) 위험물 저장 기준

- 위험물 저장소는 건축법 및 화재 예방 기준에 따라 일정한 내화·방폭 구조를 갖추어야 함
- 위험물 저장량이 일정 기준 이상일 경우, 자동 소화설비 및 화재감지기 설치 의무화
- 위험물의 종류와 특성에 따라 분리 저장 및 화학 반응 방지를 위한 격벽 설치 필요

2. 취급 시설 및 운반 기준

위험물의 취급과 운반은 시설의 안전성 확보 및 사고 방지를 위한 규정을 철저히 준수해야 하며, 이를 위반하면 강력한 처벌이 부과된다.

1) 위험물 취급 시설 기준

- 위험물 저장시설은 누출 감지 센서, 환기 장치, 소화설비를 갖추어야 함
- 일정량 이상의 위험물을 취급하는 시설은 전문 자격을 갖춘 관리자를 배치해야 함
- 작업자는 보호 장비를 착용하고 정해진 작업 절차를 준수해야 함

2) 위험물 운반 기준

- 위험물을 운반하는 차량은 차량 외부에 위험물 경고 표지를 부착해야 함
- 운반 과정에서 온도·습도 변화로 인한 화학 반응을 방지하기 위한 안전장치 필요
- 위험물 운반자는 국가가 정한 교육과 자격 요건을 충족해야 함

표 2.7 위험물 저장 및 운반 기준 비교

구분	저장 기준	운반 기준
제1류 위험물 (산화성 고체)	불연성 용기에 밀봉 저장, 습기 차단	충격 방지 포장 후 승인된 차량으로 운반
제2류 위험물 (가연성 고체)	환기시설이 있는 방폭 구조 저장소 사용	개별 포장 후 불연성 컨테이너에 적재
제3류 위험물 (자연 발화성·금수성)	밀폐 용기에 질소 충전 저장	공기 노출 방지 후 저온 상태 유지
제4류 위험물 (인화성 액체)	내화구조 탱크에 저장, 스프링클러 설치	방폭 차량 및 밀폐 운반 탱크 이용
제5류 위험물 (자기반응성 물질)	저온 보관, 자외선 차단 시설 필요	냉장 운반 장비 필수, 진동 방지 조치
제6류 위험물 (산화성 액체)	부식 방지 내장 저장탱크 사용	유출 방지 차단 밸브 설치

3.2 위험물 시설의 안전관리

1. 위험물 저장소 및 운반 차량의 안전 조치

위험물 저장 및 운반 시설은 사고 발생 시 대형 재난으로 이어질 수 있어서, 법적으로 엄격한 안전 기준을 적용하여 관리해야 한다.

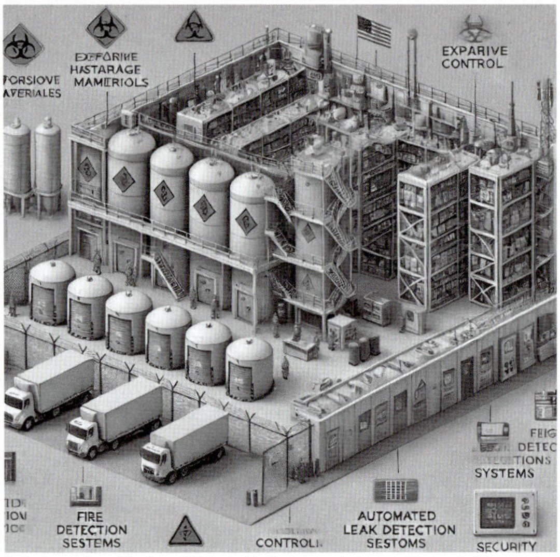

그림 2.4 **위험물 저장소 및 운반 차량 안전 설비 개념도**

1) 위험물 저장소 안전 조치

- 방폭 설계 적용 및 불꽃 유입 방지 시스템 구축
- 위험물 누출 감지를 위한 자동 감지 및 차단 장치 설치
- 화재 발생 시 자동 소화가 가능한 스프링클러 및 소화설비 필수 설치

2) 위험물 운반 차량 안전 기준

- 화학물질 성분별 전용 운반 용기 및 차량 사용
- 긴급 상황 발생 시 신속 대응이 가능하도록 차량 내 비상 대응 장비 구비
- 운반 시 안전띠 착용, 속도 제한 준수, 충격 방지 조치 필수

2. 사고 예방을 위한 법적 의무 사항

위험물 취급자는 사고 예방을 위해 다음과 같은 법적 의무를 준수해야 한다.

1) 위험물 안전 점검 및 정기 검사 실시

- 위험물 저장시설 및 운반 차량은 반기별 1회 이상 정기 점검 의무화
- 위험물 취급 사업장은 정부 및 지방 소방 당국의 정기 감사를 받아야 함

2) 사고 발생 시 신고 및 대응 절차 준수

- 위험물 사고 발생 즉시 소방서 및 관련 기관에 신고 의무
- 사고 현장에서는 초기 진화 및 2차 피해 예방 조치 시행

표 2.8 위험물 취급 시설 및 운반 차량의 안전 점검 기준

점검 항목	점검 기준	점검 주기
위험물 저장시설	저장소 환기 상태 및 온도 유지, 누출 감지 장비 작동 여부 점검	월 1회 이상
위험물 운반 차량	차량 내 화재감지기 작동 여부, 운반 경로 및 속도 제한 준수 여부 점검	운행 전·후
위험물 용기 상태	부식·파손 여부 확인, 밀폐 상태 유지 여부 점검	분기별 1회
비상 대응 장비	차량 및 저장소 내 소화기, 보호 장비 등 정상 작동 여부 점검	연 1회 이상
운반자 교육 및 자격	위험물 취급 교육 이수 여부, 자격증 소지 여부 확인	연 1회 이상

3.3 위반 시 법적 조치 및 처벌 기준

1. 불법 위험물 저장 및 취급 시 처벌 규정

위험물안전관리법에서는 위험물 불법 취급 및 사고 발생 시 강력한 행정 처분 및 형사 처벌을 적용하도록 규정하고 있다.

표 2.9 위험물안전관리법에 따른 행정 처분 및 형사 처벌 규정

위반 행위	법적 근거	처벌 조항
허가받지 않은 위험물 저장	위험물안전관리법 제10조	1년 이하 징역 또는 1천만 원 이하 벌금
위험물 운반 중 안전 수칙 위반	위험물안전관리법 제18조	과태료 500만 원 부과
위험물 저장시설 점검 미이행	위험물안전관리법 제25조	시정명령 및 2회 위반 시 영업 정지

2. 과거 위험물 사고 및 법적 대응 사례

그림 2.5 주요 위험물 사고 사례 및 원인 분석

1) 2020년 울산 화학 공장 폭발 사고

- 위험물 저장소의 누출 감지 시스템이 미작동하여 대형 폭발 발생
- 법적 조치: 공장 운영사 과징금 10억 원 부과 및 담당자 형사 처벌

2) 2021년 인천 물류센터 유류 유출 사고

- 유류 저장시설의 부식으로 인한 유출 사고 발생
- 법적 조치: 업체 과태료 부과 및 시설 전면 개선 명령

3.4 최근 개정 사항 및 안전 강화 조치

1. 위험물 관리법 개정 및 추가 규제 내용

최근 위험물 사고가 증가함에 따라 2023년 위험물안전관리법 개정이 이루어졌으며, 주요 개정 내용은 다음과 같다.

1) 위험물 저장소 실시간 모니터링 시스템 구축 의무화

- 대형 위험물 저장소는 CCTV 및 센서 기반 감시 시스템 필수 설치

2) 위험물 운반 차량의 안전 기준 강화

- 운반 차량 내 긴급 소화 장비 및 화학 방지 필터 추가 장착 의무

3) 위험물 취급 시설의 화재 안전 기준 강화

- 위험물 저장시설 내 이중 방화벽 및 자동 소화설비 강화

표 2.10 최근 위험물안전관리법 개정 내용 및 주요 변경 사항

개정 사항	변경 내용	적용 시기
위험물 저장소 실시간 모니터링 시스템 도입	CCTV 및 자동 감지 센서 설치 의무화	2024년 시행
위험물 운반 차량의 안전 기준 강화	화학물질 전용 밀폐 운반 장비 필수 적용	2023년 시행
사고 발생 보고 의무 강화	위험물 사고 발생 시 1시간 내 신고 의무화	2023년 시행
위험물 취급 사업장 점검 기준 강화	정기 점검 주기 단축 (연 1회 → 반기별 1회)	2024년 시행
화재·폭발 예방 시스템 확대	위험물 저장소 내 자동 소화설비 및 방폭 구조 적용	2025년 시행

2. 위험물 사고 대응 시스템 구축

- 위험물 사고 발생 시 전국 단위 긴급 대응 체계 운영
- AI 및 빅데이터 기반 위험물 사고 예측 시스템 도입

그림 2.6 위험물 사고 예방 및 대응 체계 개념도

이처럼, 위험물 안전관리의 중요성이 커지고 있으며, 법적 규제와 기술 발전을 통해 더욱 효과적인 사고 예방 및 대응 체계를 구축해 나가고 있다.

4 재난 및 안전관리 기본법

4.1 법의 개요 및 목적

1. 국가적 재난 대응 체계 정립 배경

재난 및 안전관리는 국가의 기본적인 책무이며, 효과적인 재난 대응을 위해 중앙정부, 지방자치단체, 소방 조직, 군·경찰 및 민간 기관 간의 긴밀한 협력이 필수적이다. 대한민국은 과거부터 태풍, 홍수, 지진 등의 자연재해뿐만 아니라 대형 화재, 산업재해, 전염병 확산 등의 인적 재난을 경험해 왔다. 이에 따라 재난을 예방하고, 발생 시 신속하게 대응하며, 복구를 효율적으로 수행하기 위한 법적·제도적 기반이 필요하였다.

과거 재난 대응은 개별 사건별로 대응하는 방식이었으나, 1995년 삼풍백화점 붕괴 사고, 2003년 대구 지하철 화재 사고 등 대형 재난이 발생하면서 보다 체계적인 대응법이 필요하다는 요구가 커졌다. 이에 따라 「재난 및 안전관리 기본법」이 제정되었으며, 이를 통해 예방·대비·대응·복구의 전 과정이 포함된 국가 재난관리 체계를 구축하였다.

이 법은 재난 발생 시 정부 및 소방 조직의 대응을 명확히 하고, 재난을 효율적으로 관리하기 위해 중앙 및 지방정부, 민간 단체가 공동으로 참여할 수 있는 체계를 마련하는 것을 목적으로 한다.

2. 소방 조직과 재난관리 기관 간 협력 구조

재난이 발생하면 소방 조직은 긴급 구조 및 구급 활동의 핵심 기관으로 작용하며, 중앙정부, 지방정부, 경찰, 군부대 및 민간 기관과 협력하여 대응한다.

1) 중앙정부의 역할(행정안전부, 소방청, 기상청 등)

- 재난 예방 및 대응을 위한 종합 정책 수립
- 대형 재난 발생 시 전국 소방력 및 자원 배분 조정
- 국제 재난 협력 및 긴급 지원 요청

2) 지방자치단체의 역할(시·도 재난안전대책본부, 소방본부 등)

- 지역 내 재난 발생 시 즉각적인 대응 및 피해 복구 활동 수행
- 소방본부 및 경찰과 협력하여 긴급 구조 및 인명 구호 지원
- 지역 방재 계획 및 재난 대응 훈련 실시

3) 소방 조직의 역할(소방청, 지방 소방본부 및 소방서)

- 화재, 폭발, 붕괴, 대형 교통사고 등 다양한 재난에서 구조·구급 활동 수행
- 긴급 상황 발생 시 소방본부를 중심으로 대응 계획을 수립하고, 신속한 출동 및 초동 조치
- 민간 기관(병원, 기업, 자원봉사단체 등)과 협력하여 구조·구급 지원

4.2 재난 대응 및 안전관리 체계

1. 재난의 예방, 대비, 대응, 복구 단계별 조치

재난 대응은 단순한 사후 조치가 아닌 사전 예방부터 사후 복구까지 포함하는 총체적인 개념으로 접근해야 한다. 이를 위해 재난의 4단계 관리 원칙(Prevention, Preparedness, Response, Recovery)이 적용된다.

1) 재난 예방(Prevention)

- 건축물의 내진설계 강화 및 방재시설 확대
- 산업 현장 및 다중이용시설의 소방 안전 점검 의무화
- 국가 및 지자체 단위의 재난 위험 지역 사전 조사

2) 재난 대비(Preparedness)

- 국가 및 지방정부의 재난 대응 매뉴얼 수립
- 공공기관, 기업, 학교, 군부대 등과 합동 훈련 진행
- 긴급 구호 물자 및 구조 장비 확보

3) 재난 대응(Response)

- 긴급 구조 출동 및 소방, 경찰, 군의 협력 체계 가동
- 대형 재난 발생 시 중앙재난안전대책본부 운영
- 대피소 운영 및 이재민 구호 지원

4) 재난 복구(Recovery)

- 피해 지역 복구 및 재난 복구 예산 지원
- 피해 주민을 위한 의료 및 심리 지원 프로그램 운영
- 재난 원인 분석 및 향후 예방 대책 마련

표 2.11 재난 대응 단계별 주요 조치 비교

재난 대응 단계	특징	세부 내용	책임 기관
예방 (Prevention)	재난 위험 요소 점검 및 제거	건축물 내진설계, 화재 방지 시스템 강화, 위험 지역 관리	행정안전부, 소방청, 국토교통부
	법적·제도적 규제 강화	재난 안전 관련 법령 개정 및 시행	국회, 법무부, 소방청
	시민 안전교육	학교 및 공공기관 대상 재난 대응 훈련, 민방위 훈련	교육부, 소방청, 지자체
대비 (Preparedness)	재난 발생 대비 매뉴얼 구축	지역별 재난 대응 매뉴얼 수립 및 비상 연락망 구축	행정안전부, 지자체, 소방본부
	재난 대응 훈련 및 모의 실습	소방서, 경찰서, 군부대 등과 합동 훈련 실시	소방청, 경찰청, 국방부
	긴급 물자 및 장비 확보	구조·구급 장비, 식량, 의료품 비축	대한적십자사, 소방청, 보건복지부
대응 (Response)	긴급 구조 및 화재 진압	화재 진압, 인명 구조, 대피 지원	소방청, 경찰청, 국방부
	재난 발생 지역 주민 대피	대피소 운영 및 교통 통제	지자체, 소방청, 행정안전부
	중앙 및 지방정부 협력 체계 가동	중앙재난안전대책본부 및 시·도 재난안전대책본부 운영	국무총리실, 행정안전부
복구 (Recovery)	피해 지역 복구 및 재건	피해 지역 건축물 복구, 도로 및 기반 시설 정비	국토교통부, 지자체
	재난 피해 주민 지원	긴급 재난 지원금 지급, 의료 지원	보건복지부, 행정안전부
	재난 원인 분석 및 예방 대책 수립	사고 원인 조사 및 향후 대응 방안 마련	소방청, 국립재난안전연구원

2. 대형 재난 발생 시 중앙 및 지방정부의 역할

대형 재난 발생 시 중앙정부와 지방정부의 역할이 명확하게 구분되며, 재난 규모와 피해 정도에 따라 국가 차원의 지원이 결정된다.

1) 중앙정부의 역할

- 중앙재난안전대책본부 운영 및 전국적 지원 조정
- 재난 발생 지역에 대한 긴급 복구 지원 및 예산 배정
- 국제 협력 및 해외 지원 요청

2) 지방정부의 역할

- 시·도 재난안전대책본부를 중심으로 긴급 구조 및 대응 수행
- 지역 내 소방본부 및 경찰과 협력하여 긴급 출동 및 대응
- 피해 시설 복구 및 지원금 지급

4.3 재난 상황에서의 소방 조직 역할

재난이 발생하면 소방 조직은 가장 먼저 현장에 출동하여 긴급 구조 및 대응을 수행하는 핵심 기관이다. 화재, 폭발, 구조·구급 활동뿐만 아니라 자연재해, 산업재해, 화학사고, 방사능 사고 등 다양한 재난에서 핵심적인 역할을 담당한다. 소방 조직의 역할은 예방, 초기 대응, 피해 확산 방지, 복구 지원으로 구분되며, 각 단계에서 효과적인 대응이 이루어져야 한다.

1. 긴급 구조 및 재난 대응 조치

소방청을 중심으로 전국 단위의 소방 조직이 구성되어 있으며, 시·도 소방본부 및 소방서와 협력하여 긴급 구조 활동을 수행한다. 재난의 유형과 규모에 따라 대응 전략이 달라지며, 현장에서 신속하고 효율적인 구조가 이루어져야 한다.

1) 대형 화재 및 폭발 사고 대응

화재는 재난 중에서도 가장 빈번하게 발생하는 사고이며, 피해 규모가 클 경우 인명과 재산에 심각한 영향을 미칠 수 있다.

(1) 주요 대응 전략

- **신속한 출동**: 화재 발생 신고 접수 후 소방 차량과 인력을 최대한 빠르게 배치하여 초기 진압을 수행한다.
- **연소 확대 방지**: 고층 건물 화재, 공장 화재, 산불 등은 주변으로 불이 번지는 것을 막는 것이 중요하며, 방화벽 구축 및 방수포 전개 등 차단 조치를 실시한다.
- **특수 장비 활용**: 대형 소방차, 굴절차, 헬기, 드론 등을 활용하여 구조 및 화재 진압 활동을 수행한다.

(2) 대표적인 대형 화재 및 폭발 대응 사례

- **2019년 강원도 산불**: 전국 소방차량 및 소방 인력을 긴급 투입하여 강풍 속

에서 진화 작업을 수행하였다.

- **2020년 이천 물류창고 폭발 화재**: 스프링클러 미작동과 화재 확산으로 대규모 피해가 발생하였으며, 고립된 근로자 구조 및 화재 진압을 위해 전국 소방본부가 협력하여 대응하였다.

2) 구조·구급 활동 수행

구조 및 구급 활동은 재난 발생 시 소방 조직이 수행하는 가장 중요한 임무 중 하나이다. 교통사고, 건물 붕괴, 수난사고, 산업재해 등 다양한 상황에서 구조대가 투입된다.

(1) 주요 구조·구급 대응 전략

- **재난 현장 수색 및 인명 구조**: 붕괴한 건물이나 매몰된 차량에서 생존자를 찾기 위한 열화상 카메라 및 탐지 장비 활용.
- **응급의료 조치 및 병원 이송**: 현장에서 응급조치를 수행한 후 신속한 병원 이송 체계를 운영하여 생존율을 높인다.
- **고립자 구조**: 엘리베이터 고장, 계곡 및 산악 고립, 홍수로 인한 고립된 주민 구조 등 다양한 상황에 대응한다.

(2) 대표적인 구조·구급 활동 사례

- **2022년 포항 태풍 침수 구조 활동**: 태풍 '힌남노'로 인해 발생한 대규모 침수 피해 현장에서 고립된 주민 1,000여 명을 구조하고 긴급 대피 조치를 수행하였다.
- **2017년 제천 스포츠센터 화재 구조 활동**: 건물 내부에 갇힌 사람들을 구조하기 위해 굴절사다리차와 고가사다리차를 동원하여 화재 진압과 구조 활동을 병행하였다.

3) 유해 물질 및 방사능 재난 대응

화학물질 유출, 방사능 누출, 생물학적 재난(CBRN) 등은 특수한 장비와 대응 절차가 필요하다.

(1) 주요 대응 전략

- **위험물질 탐지 및 격리**: 위험물질 감지기를 활용하여 누출 여부를 확인하고, 격리 구역을 설정하여 2차 피해를 방지한다.
- **전문 대응팀 투입**: 화학·방사능 특수 대응팀이 방호복과 특수 장비를 활용하여 오염 물질을 제거하고 안전 조치를 수행한다.

- **피해 지역 주민 대피 및 보호 조치**: 위험물 누출 시 주변 주민들에게 신속히 경보를 발령하고 안전 지역으로 대피를 유도한다.

(2) 대표적인 유해 물질 및 방사능 사고 대응 사례

- **2019년 울산 화학 공장 폭발 사고**: 유해 화학물질이 유출되면서 대피 조치가 이루어졌으며, 화학 재난 특수대응팀이 긴급 투입되어 방제 작업을 수행하였다.
- **2011년 후쿠시마 원전 사고**: 방사능 재난 발생 시 긴급 대피 및 피폭 방지 대응 절차가 적용되었으며, 우리나라에서도 방사능 감지 및 차단 대응을 강화하였다.

그림 2.7 소방 조직의 재난 대응 구조 활동 개념도

4.4 재난 대응 사례 분석

1. 국내 대형 재난에서의 법적 대응 사례

1) 2019년 강원도 산불 대응 사례

- 강원도 일대에서 발생한 대형 산불로 인해 강한 바람을 타고 불길이 빠르게 확산하였다.
- 국가 재난 사태가 선포되었으며, 전국 소방 차량과 소방 인력이 총동원되었다.
- 공군 및 경찰 헬기가 지원되었고, 주민 4,000여 명이 긴급 대피하였다.
- 소방청이 주도하여 화재 진압과 구조 활동을 신속하게 수행하였다.

2) 2022년 경북 울진 지진 대응

- 울진 지역에서 발생한 지진으로 인해 건물 붕괴와 지반 침하가 발생하였다.
- 소방청과 지자체가 합동으로 대응하여 피해 지역 주민을 신속히 대피시키고 긴급 복구를 수행하였다.
- 건물 안전 점검을 시행하고, 위험 지역 출입을 통제하였다.

2. 국제 협력 및 공동 대응 체계

대한민국은 국제 재난 대응 네트워크에 참여하여 국제적 협력 체계를 구축하고 있으며, 해외에서 재난이 발생하면 긴급 지원을 제공하거나 지원을 요청할 수 있다.

1) 국제 협력 체계 구축

- **유엔 재난 대응 네트워크(UNDRR) 가입**: 글로벌 재난 대응 정책 및 협력 체계 참여
- **한·미·일 재난 공동 대응 훈련**: 화재, 지진, 태풍 등 다양한 재난 대응을 위한 합동 훈련 실시

그림 2.8 **국제 재난 대응 협력 체계도**

2) 해외 재난 지원 및 긴급 구조 요청

- **2011년 일본 대지진 지원**: 대한민국 긴급구호팀(KDRT) 파견 및 구조 활동 수행
- **2023년 터키 대지진 지원**: 소방청 및 외교부 협력하에 긴급 구조대 파견

이처럼 소방 조직은 국내뿐만 아니라 국제적으로도 재난 대응에서 중요한 임무를 수행하며, 법적 기반을 토대로 신속한 구조 및 대응이 이루어지고 있다.

5 주요 법률의 개정 사항과 적용 사례

5.1 최근 개정된 소방 관련 법률 분석

소방 관련 법률은 화재 예방과 재난 대응을 강화하기 위해 지속해서 개정되고 있다. 최근 몇 년간 발생한 대형 화재 사고를 계기로 소방기본법, 화재 예방, 소방시설 설치·유지 및 안전관리에 관한 법률, 위험물안전관리법 등 주요 법률이 개정되었으며, 이러한 변화는 소방 활동과 현장 대응 방식에 큰 영향을 미쳤다.

1. 소방기본법 개정 내용

소방기본법은 대한민국 소방 조직의 운영과 역할을 규정하는 기본법률로, 주로 화재 예방, 소방력 동원, 소방대원의 권한 및 책임을 다룬다. 최근 개정된 내용은 다음과 같다.

1) 대형 재난 시 국가 차원의 소방력 동원 강화

- 소방청장이 특정 재난 상황에서 전국 소방 자원을 신속히 동원할 수 있도록 법적 근거 강화
- 지방자치단체별 대응이 아닌 중앙 지휘체계 강화를 통한 효과적 대응 가능

2) 소방대원의 안전 및 법적 보호 강화

- 화재 진압 및 구조 활동 중 소방대원에 대한 폭력 및 방해 행위 가중 처벌
- 출동 중 발생하는 사고에 대한 보상 범위 확대

3) 소방시설 점검 및 관리 감독 강화

- 건물주 및 시설 관리자의 소방 점검 보고 의무를 강화하고, 위반 시 벌금 및 행정 처분 확대

표 2.12 최근 개정된 소방기본법 주요 내용

개정 내용	주요 내용	적용 사례
국가 차원의 소방력 동원	대형 재난 발생 시 전국 소방력 동원 가능	2019년 강원도 산불 대응
소방대원 보호 강화	소방 활동 중 폭력 및 방해 행위 처벌 강화	2022년 구조 활동 중 폭행 사건
소방시설 점검 의무 강화	점검 위반 시 과태료 및 영업 정지 가능	2023년 대형 쇼핑몰 소방 점검 위반 단속

2. 화재예방, 소방시설 설치·유지 및 안전관리에 관한 법률 개정 내용

화재예방, 소방시설 설치·유지 및 안전관리에 관한 법률은 건축물 및 시설물의 화재 예방과 초기 진화 시스템을 규정하는 법률이다. 개정된 주요 내용은 다음과 같다.

1) 초고층 및 지하 건축물의 화재 예방 기준 강화

- 스프링클러 및 방화문 설치 의무화
- 대피 시설(비상계단, 피난구) 추가 설치 기준 마련

2) 자동화된 화재 감시 시스템 도입 확대

- 화재 감지 센서를 활용한 AI 기반 화재 예방 시스템 구축
- 위험 시설(공장, 물류센터, 다중이용시설)의 원격 모니터링 필수 적용

3) 화재 발생 시 피난 안내 시스템 강화

- 대형 건물 및 지하 공간에 스마트 피난 유도 시스템 설치 의무화

3. 위험물안전관리법 개정 내용

위험물안전관리법은 인화성, 폭발성 물질의 안전한 취급과 보관을 규정하는 법률이다. 최근 개정된 내용은 다음과 같다.

1) 위험물 저장소의 안전 기준 강화

- 위험물 저장소의 내화 및 방폭 설계 기준 강화
- 일정량 이상의 위험물을 저장할 때 자동화 감시 시스템 설치 의무화

2) 위험물 운반 차량의 안전 기준 강화

- 위험물 운반 차량의 충격 방지 장치 및 사고 발생 시 자동 차단 시스템 의무 장착
- 운반 과정에서 실시간 모니터링이 가능하도록 GPS 및 센서 기반 관리 시스템 도입

3) 위반 시 벌칙 및 행정 처분 강화

- 불법 위험물 저장 및 운반 시 과징금 상향 및 사업 정지 조치 강화

표 2.13 개정된 위험물안전관리법 주요 내용

개정 내용	주요 변경 사항	적용 사례 및 기대 효과
위험물 저장소 안전 기준 강화	• 위험물 저장소의 내화 및 방폭 설계 기준 강화 • 일정량 이상의 위험물 저장 시 자동 감지 시스템 설치 의무화	• 2023년 이후 신축된 대형 화학물질 저장시설에 자동 감지 및 차단 시스템 적용
위험물 운반 차량 안전 기준 강화	• 충격 방지 장치 및 사고 발생 시 자동 차단 시스템 의무 장착 • 실시간 모니터링 가능하도록 GPS 및 센서 기반 관리 시스템 도입	• 위험물 운반 중 사고 발생 시 자동 차단 시스템으로 피해 최소화 • 불법 운반 및 무단 주차 감시 체계 강화
위험물 취급 시설의 점검 주기 강화	• 특정 위험물 취급 시설의 점검 주기 단축(연 1회 → 반기별 1회) • 점검 불이행 시 과태료 및 사업 정지 조치 강화	• 정기 점검을 통한 화재 및 폭발 사고 예방 • 위험물 취급 사업장의 안전 의식 향상
위반 시 벌칙 및 행정 처분 강화	• 불법 위험물 저장 및 운반 시 과징금 상향(기존 1,000만 원 → 3,000만 원) • 일정 기준 초과 시 사업 정지 및 면허 취소 가능	• 불법 저장 및 미신고 취급 시설 단속 강화 • 사고 발생 시 사업자의 책임 강화로 안전관리 수준 향상
긴급 대응 시스템 개선	• 위험물 사고 발생 시 119 및 소방본부 자동 신고 시스템 구축 • 유해 화학물질 대응 특수팀 확대 배치	• 화학물질 유출 사고 시 신속한 초기 대응 가능 • 긴급 구조 및 방재 체계 강화

5.2 법률 개정에 따른 현장 적용 사례

1. 개정 법률이 적용된 소방 현장

1) 건축물 소방시설 강화 사례

- 개정된 화재 예방, 소방시설 설치·유지 및 안전관리에 관한 법률에 따라 2023년 이후 신축 건물에는 자동화 화재 감지 시스템이 필수적으로 설치되었다.
- 초고층 건물 및 지하 공간에는 스마트 피난 유도 시스템이 적용되어 실시간으로 대피 경로를 안내한다.

2) 화재 예방 시스템 개선 사례

- AI 기반 감지 센서를 활용한 자동 소방 감시 시스템이 도입되었으며, 이를 통해 공장 및 물류창고에서 조기 감지가 가능해졌다.
- 기존 화재감지기가 단순히 연기를 감지하는 방식이었다면, 최근에는 온도·습도·가스 농도 등을 분석하여 화재 위험을 예측하는 시스템으로 발전하였다.

그림 2.9 **스마트 화재 감시 시스템 운영 개념도**

2. 실제 사고 사례 분석을 통한 법률 개정의 필요성 검토

1) 2020년 이천 물류센터 화재 사고 분석

- **화재 원인**: 건축 공사 중 우레탄 폼 발화로 인한 급속한 화재 확산
- **문제점**: 스프링클러 미작동, 피난 경로 부족
- **법 개정 결과**: 건설 현장의 화재 예방 조치 의무 강화, 공사장 임시 소방시설 설치 필수화

2) 2022년 대구 유흥시설 화재 사례

- **화재 원인**: 전기 합선으로 인한 실내 화재
- **문제점**: 비상구 폐쇄 및 피난 유도 미흡
- **법 개정 결과**: 비상구 차단 행위 강력 단속 및 처벌 조항 강화

5.3 향후 법 개정 방향 및 제언

1. 최신 소방 기술 및 AI·빅데이터 활용한 법적 개선 방안

1) AI 기반 화재 예측 시스템 도입

- IoT 센서를 활용한 건물 내 화재 위험 요소 실시간 분석 시스템 구축
- 공장 및 물류창고 등에 AI 기반 자동 진단 시스템 적용

2) 드론 및 로봇을 활용한 화재 진압 기술 도입

- 초고층 건물 화재 발생 시 소방 드론을 활용한 초기 진압 시스템 구축
- 자율주행 로봇을 활용한 위험 지역 소방 진압 지원

3) 빅데이터를 활용한 재난 대응 시스템 개선

- 과거 화재 데이터를 분석하여 고위험 지역 및 시설에 대한 맞춤형 소방 안전 대책 마련

2. 국제적 기준을 반영한 소방 법률 개정 방향

1) 미국 NFPA(국립화재방지협회) 기준 반영

- 초고층 건물 및 대형 상업시설에 대한 화재 안전 설계 기준 적용 강화

2) 유럽연합(EU)의 화재 예방 정책 도입

- 친환경 소방 시스템 및 자동 화재 감지 기술 도입 의무화

3) 국제적 협력을 통한 재난 대응 표준화

- 한·미·일 재난 대응 협력 강화 및 국제 재난 대응 규정 정비

이처럼 소방 법률 개정은 국내외 화재 사고 사례를 반영하여 점진적으로 발전하고 있으며, AI 및 빅데이터와 같은 첨단 기술을 도입하여 보다 효율적인 소방 시스템 구축을 목표로 하고 있다.

그림 2.10 AI 및 드론을 활용한 화재 진압 개념도

▣ 참고문헌

- 소방청, 소방시설 설치·유지 및 안전관리에 관한 법률, 국가법령정보센터, 2023.
- 소방청, 화재예방, 소방시설 설치·유지 및 안전관리에 관한 법률 시행령 및 시행규칙, 2023.
- 행정안전부, 위험물안전관리법, 국가법령정보센터, 2023.
- 행정안전부, 재난 및 안전관리 기본법, 국가법령정보센터, 2023.
- 국토교통부, 건축법 및 건축물의 피난·방화구조 등의 기준에 관한 규칙, 2023.
- NFPA, NFPA 101: Life Safety Code, 2022.
- ISO, ISO 7240-1: Fire detection and alarm systems, 2021.
- SFPE, Fire Protection Engineering Handbook, SFPE 출판부, 2020.
- Lon H. Ferguson, Fundamentals of Fire Protection for the Safety Professional, CRC Press, 2019.
- 한국소방안전원, 소방법규 해설, 한국소방안전원 출판부, 2021.

P/A/R/T

02

연소 및 화재이론

Chapter 03

연소 및 폭발

학습 목표

- 연소의 기본 개념과 화학적 반응 원리를 이해하고, 연소가 발생하는 필수 요소를 설명할 수 있다.
- 연소의 유형과 연소 속도에 영향을 미치는 요인을 분석하고, 연료의 특성에 따른 연소 방식의 차이를 설명할 수 있다.
- 폭발의 주요 유형과 발생 메커니즘을 이해하고, 물리적·화학적 폭발의 차이를 구분할 수 있다.
- 연소생성물이 환경 및 인체에 미치는 영향을 분석하고, 유해가스의 제어 방법을 설명할 수 있다.
- 연소 및 폭발이 관련된 주요 법규 및 안전관리 기준을 이해하고, 실무적으로 적용할 수 있다.

1 연소의 정의 및 필수 요소

1.1 연소의 개념 및 정의

연소(combustion)는 산화반응을 통해 열과 빛을 방출하는 과정으로, 연료(fuel)가 산소(oxidizer)와 결합하여 에너지를 방출하는 화학 반응이다. 연소는 화재, 산업용 보일러, 내연기관 등의 에너지 변환 과정에서 핵심적인 역할을 하며, 적절한 조건이 형성되면 연소가 일어나고, 그 과정에서 열과 가스가 생성된다.

연소반응의 일반적인 화학식은 다음과 같다.

$$C_xH_y + O_2 \rightarrow CO_2 + H_2O + \text{heat energy} \qquad 3.1$$

식(3.1)에서 C_xH_y는 탄화수소 연료를 의미하며, 연소가 충분히 진행하면 이산화탄소(carbon dioxide)와 수증기(water vapor)가 생성된다. 하지만 산소 공급이 부족하면 일산화탄소(carbon monoxide)와 같은 유독가스가 형성될 수 있다.

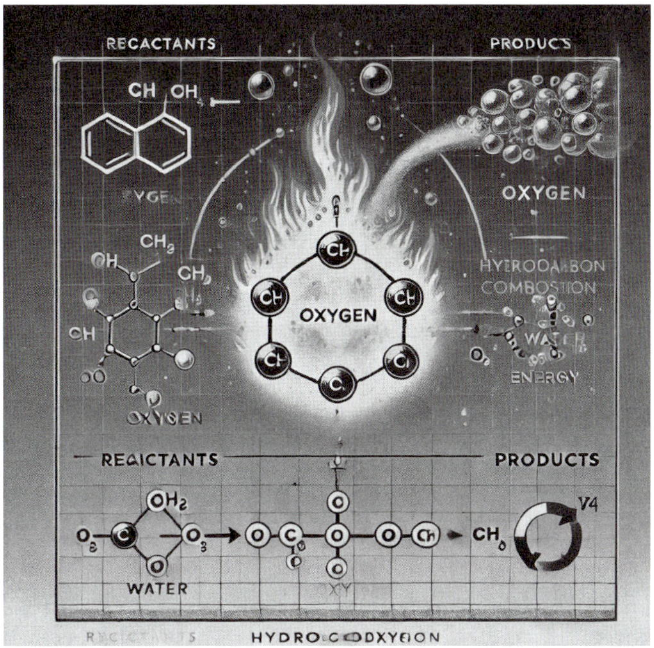

그림 3.1 **연소반응 과정 개념도**

1.2 연소의 필수 요소

연소가 지속되기 위해서는 연료(fuel), 산소(oxidizer), 점화원(ignition source)이라는 세 가지 요소가 필수적이며, 이를 화재 삼각형(fire triangle)이라고 한다.

1. 연료 (Fuel)

연소반응에서 연소할 수 있는 물질로 작용하는 물질이다. 연료는 물리적 상태에 따라 다음과 같이 구분된다.

- **고체 연료**: 나무, 석탄, 플라스틱 등
- **액체 연료**: 휘발유, 경유, 알코올 등
- **기체 연료**: 메테인(methane, CH_4), 프로페인(propane, C_3H_8) 등

2. 산소 (Oxidizer)

산소는 연소반응을 지속시키는 데 필수적인 역할을 하며, 일반적으로 대기 중 산소(O_2, 약 21%)가 주요 산화제로 작용한다. 일부 특수한 경우에는 과산화수소

(hydrogen peroxide, H_2O_2), 염소(chlorine, Cl_2), 질산(nitric acid, HNO_3) 등의 화합물이 산소 공급원 역할을 할 수 있다.

3. 점화원 (Ignition Source)

연소를 시작하는 데 필요한 에너지를 제공하는 요소로, 다음과 같은 방식으로 발생할 수 있다.

- **기계적 에너지**: 마찰, 충격(예 스파크)
- **전기적 에너지**: 합선, 정전기
- **화학적 에너지**: 자체 분해 반응으로 열 발생

하지만, 화재가 지속되기 위해서는 연소 연쇄 반응(combustion chain reaction)이 유지되어야 한다. 연소 삼각형에 연쇄 반응 요소가 추가된 개념을 화재 사면체(fire tetrahedron)라고 하며, 이는 화재 진압 시 매우 중요한 개념이 된다.

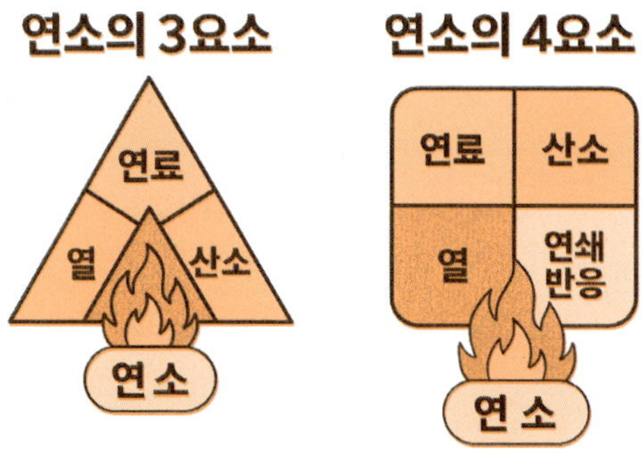

그림 3.2 **화재 삼각형 및 화재 사면체 개념도**

1.3 착화 및 연소 조건

연소가 일어나려면 적절한 온도, 압력, 산소 농도 등의 조건이 충족되어야 하며, 이를 설명하는 주요 개념은 다음과 같다.

1. 최소 발화 에너지 (MIE, Minimum Ignition Energy)

연료가 점화되어 연소가 시작되는 데 필요한 최소한의 에너지양을 의미한다.

예) 수소(hydrogen, H_2)의 MIE는 약 0.02 mJ로 매우 낮아, 작은 정전기 스파크에도 점화될 수 있다.

- 일반적으로 연료-공기 혼합비가 적절할 때 MIE가 가장 낮아진다.

2. 인화점, 발화점, 연소 범위

- **인화점** (Flash Point): 가연성 액체가 증기를 발생시켜 점화원이 있을 때 불이 붙는 최저 온도
- **발화점** (Autoignition Temperature, AIT): 외부 점화원 없이 물질이 스스로 발화하는 온도
- **연소 범위** (Flammability Range, LFL/UFL): 특정 기체 연료가 공기 중에서 연소할 수 있는 농도 범위
- LFL (Lower Flammability Limit): 최소 연소 가능 농도
- UFL (Upper Flammability Limit): 최대 연소 가능 농도

표 3.1 주요 연료의 인화점 및 발화점 비교

연료	화학식	인화점 (°C)	발화점 (°C)	연소 범위 (LFL–UFL, vol %)
메테인	CH_4	-188	537	5.0 - 15.0
휘발유	C_4~C_{12}	-43	280	1.4 - 7.6
경유	C_{12}~C_{20}	52	210	0.6 - 7.5
에텐인올	C_2H_5OH	13	365	3.3 - 19.0

1.4 연소 과정에서의 열역학 및 반응 속도

1. 열 방출과 열전달 방식

연소반응이 일어나는 동안 방출된 열은 다음과 같은 방식으로 전달된다.

- **전도** (Conduction): 고체 내부에서 열이 이동하는 과정(예) 금속 표면을 통한 열전달)
- **대류** (Convection): 유체(공기, 물) 내에서 온도 차이에 의해 열이 이동하는 과정
- **복사** (Radiation): 물질의 직접적인 접촉 없이 열이 전자기파 형태로 전달되는 과정(예) 불꽃에서 나오는 적외선)

그림 3.3 열전달 방식 개념도

2. 반응속도론과 연소 효율

- **연소 속도**(Burning Rate): 연소반응이 진행되는 속도는 연료의 특성, 산소 농도, 온도 등에 따라 달라진다.
- **혼합 상태의 영향**: 예혼합 연소와 확산 연소의 반응 속도 차이
- **완전 연소 vs. 불완전 연소**: 완전 연소 시 carbon dioxide (이산화탄소, CO_2)가 생성되며, 불완전 연소 시 carbon monoxide (일산화탄소, CO) 등의 유독가스가 발생

2 연소반응과 연소의 유형

2.1 연소반응의 기본 원리

1. 연소의 정의 및 개념

- 연소(combustion)는 연료가 산소와 결합하여 열과 빛을 방출하는 발열 반응이다.
- 연소 과정은 일반적으로 산화반응(oxidation reaction)이며, 대부분 연료는 탄화수소(hydrocarbon)로 구성된다.

2. 완전 연소와 불완전 연소

1) 완전 연소 (Complete Combustion)

- 산소가 충분한 환경에서 발생하며, 연료가 완전히 연소하여 이산화탄소(CO_2)와 수증기(H_2O)를 생성함

- 연소 효율이 높으며 유해가스 배출이 적음

$$C_xH_y + O_2 \rightarrow CO_2 + H_2O + \text{heat energy} \quad 3.2$$

2) 불완전 연소 (Incomplete Combustion)

- 산소가 부족한 환경에서 발생하며, 일산화탄소(carbon monoxide, CO), 탄소 입자(solid carbon, soot) 등이 생성됨
- 연료가 완전히 산화되지 않아 연소 효율이 낮고 유독가스를 배출

$$C_xH_y + O_2 \rightarrow CO + C + H_2O + \text{heat energy} \quad 3.3$$

표 3.2 완전 연소와 불완전 연소 비교

연소 유형	생성물	특징	환경 영향
완전 연소	CO_2, H_2O	연료가 완전히 연소하여 고온의 에너지를 방출	배기가스 내 유해 물질이 적음
불완전 연소	CO, C (그을음)	산소 부족으로 인해 일산화탄소 및 미연소 탄소가 생성됨	유독가스 배출로 공기 오염 초래

2.2 연소의 주요 유형

1. 확산 연소(Diffusion Combustion) vs. 예혼합 연소(Premixed Combustion)

1) 확산 연소(Diffusion Combustion)

- 연료와 산소(공기)가 자연스럽게 확산하면서 혼합되고 연소가 진행됨
- 대표적인 예: 양초의 불꽃, 가스레인지 화염
- 연소 속도가 상대적으로 느리고, 연료와 공기의 혼합비율이 일정하지 않음

2) 예혼합 연소(Premixed Combustion)

- 연료와 산소(공기)가 미리 혼합된 후 점화되어 연소가 진행됨
- 대표적인 예: 뷰테인 토치, 휘발유 엔진
- 연소 속도가 빠르고 고온에서 진행되며, 제어가 어려울 수 있음

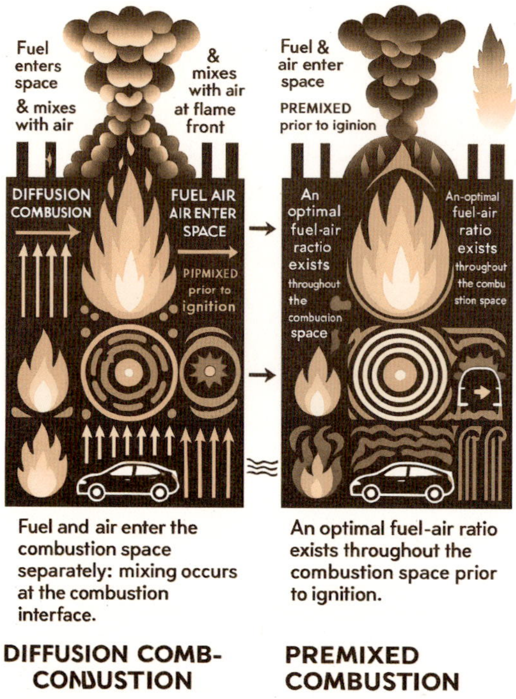

그림 3.4 확산 연소와 예혼합 연소 비교 개념도

2. 고체·액체·기체 연료의 연소 특성

1) 고체 연료(Solid Fuel)

- 연소 전 기화 또는 열분해(pyrolysis) 과정이 필요함

  예) 목재, 석탄, 플라스틱

2) 액체 연료(Liquid Fuel)

- 연소 전에 증발하거나 미세 분무 상태에서 기화됨

  예) 휘발유, 경유, 등유

3) 기체 연료(Gaseous Fuel)

- 별도의 기화 과정 없이 즉시 연소 가능

  예) 메테인(methane, CH_4), 프로페인(propane, C_3H_8)

2.3 연소 속도 및 연소 영향 요인

1. 온도, 압력, 연료 상태가 연소에 미치는 영향

1) 온도의 영향

- 높은 온도일수록 반응 속도가 증가하며, 착화가 쉽게 이루어짐
- 일정 온도 이상에서는 자동 점화(발화) 가능

2) 압력의 영향

- 일반적으로 압력이 높을수록 연소 속도가 빨라짐
- 밀폐된 공간에서 폭발 위험 증가

3) 연료 상태의 영향

- 연료의 물리적 상태(고체, 액체, 기체)에 따라 연소 방식이 다름
- 분자 구조가 단순할수록 연소가 쉬움

2. 연소 속도와 화염 전파 속도의 관계

1) 연소 속도(Burning Rate)

- 단위 시간당 연료가 연소하는 속도
- 연료의 화학적 조성과 공기 혼합 상태에 따라 달라짐

2) 화염 전파 속도(Flame Propagation Speed)

- 불꽃이 공간을 이동하는 속도
- 예혼합 연소에서 빠르며, 확산 연소에서는 상대적으로 느림

표 3.3 연소 속도 및 화염 전파 속도 비교

요인	연소 속도 영향	화염 전파 속도 영향
온도 상승	연소 속도 증가	화염 전파 속도 증가
압력 증가	연소 속도 증가	화염 전파 속도 증가
공기 비율 증가	연소 속도 증가	일정 비율 초과 시 감소

2.4 연소 과정에서 생성되는 열과 화재 확산

1. 열전달 방식과 화재 확산

1) 전도(Conduction)

- 고체 내부에서 열이 이동하는 과정
  - 예) 금속 표면을 통한 열, 전달

2) 대류(Convection)

- 유체(공기, 물) 내에서 온도 차이에 의해 열이 이동하는 과정
  - 예) 화재 시 뜨거운 공기가 상승하여 천장 구조물로 열이 전달됨

3) 복사(Radiation)

- 물질의 직접적인 접촉 없이 열이 전자기파 형태로 전달됨
  - 예) 불꽃에서 나오는 적외선이 인근 가연물에 착화

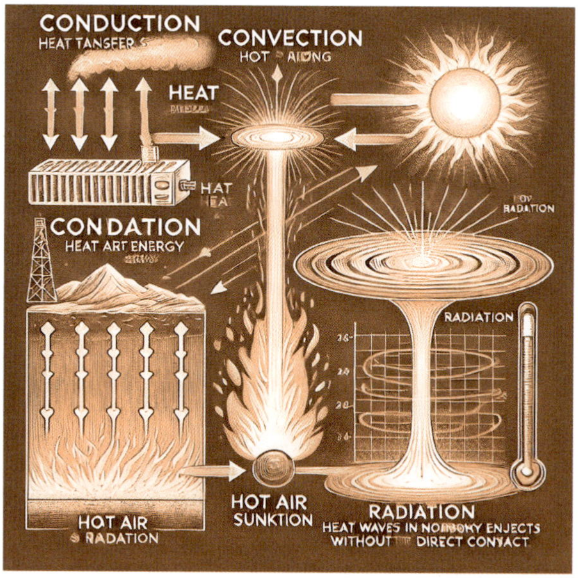

그림 3.5 **화재 확산 과정과 열전달 방식 개념도**

2. 연소의 지속과 제어 방법

1) 산소 공급 차단

- 방화문을 닫거나 질소 가스를 이용하여 산소를 제거

2) 온도 감소

- 물 또는 이산화탄소 소화기를 이용하여 열을 제거

3) 연쇄 반응 차단

- 할로젠화합물(Halon) 소화기를 이용하여 연소 반응 중단

3 폭발의 종류 및 메커니즘

3.1 폭발의 개념 및 정의

1. 화재와 폭발의 차이점

- 화재는 연료가 산소와 반응하여 지속적인 연소를 일으키는 과정으로, 상대적으로 천천히 진행되며 주변 환경에 따라 확산 속도가 달라진다.
- 폭발은 짧은 시간 내에 급격한 에너지 방출과 함께 압력파를 생성하는 과정으로, 일반적으로 화재보다 훨씬 빠르고 강력한 영향을 미친다.

2. 폭발의 물리·화학적 원리

- 폭발은 주로 고온·고압 환경에서 급격한 화학 반응 또는 기체 팽창이 발생하면서 충격파(Shock Wave)를 생성하는 과정이다.
- 폭발의 원인은 물리적 요인(압력 변화, 온도 상승)과 화학적 요인(연소, 산화 반응)으로 구분된다.
- 폭발 후 발생하는 고온 가스와 충격파는 건물 붕괴, 화재 확산 등의 2차 피해를 초래할 수 있다.

3.2 폭발의 주요 유형

1. 물리적 폭발 (Physical Explosion)

1) 증기 폭발 (Boiling Liquid Expanding Vapor Explosion, BLEVE)

- 고온 상태에서 액체가 순간적으로 기화하여 급격한 압력 증가로 폭발하는 현상
  예 가스탱크 폭발, 고압 보일러 파열

2) 압력 용기 폭발

- 밀폐된 용기 내부의 압력이 임계치를 초과할 때 발생
  예) 고압가스 실린더 폭발, 압축 공기 탱크 폭발

2. 화학적 폭발 (Chemical Explosion)

1) 산화 폭발 (Oxidation Explosion)

- 강력한 산화제가 연료와 빠르게 반응하면서 다량의 열과 가스를 방출하는 폭발
  예) 질산암모늄(ammonium nitrate) 폭발, 폭발물(NTRO, TNT) 폭발

2) 분진 폭발 (Dust Explosion)

- 공기 중에 떠 있는 가연성 분진이 순간적으로 점화되면서 급격한 폭발을 일으키는 현상
  예) 곡물 저장고, 화학 공장, 제분 공장의 분진 폭발

3) 가스폭발 (Gas Explosion)

- 가연성 가스가 일정 농도 이상 공기 중에 존재할 때 점화원에 의해 폭발하는 현상
  예) 메테인(methane) 폭발, LPG 누출 폭발

3. 핵폭발 및 초 압력 폭발

1) 핵폭발 (Nuclear Explosion)

- 원자핵의 분열(fission) 또는 융합(fusion) 반응으로 막대한 에너지가 방출되는 폭발
  예) 원자폭탄, 수소폭탄

2) 초 압력 폭발 (Overpressure Explosion)

- 강한 폭발로 인해 발생하는 초 압력이 주변 구조물에 충격을 가하면서 폭발파가 전파되는 현상
  예) 탄도미사일 충격파, 대형 공정 폭발

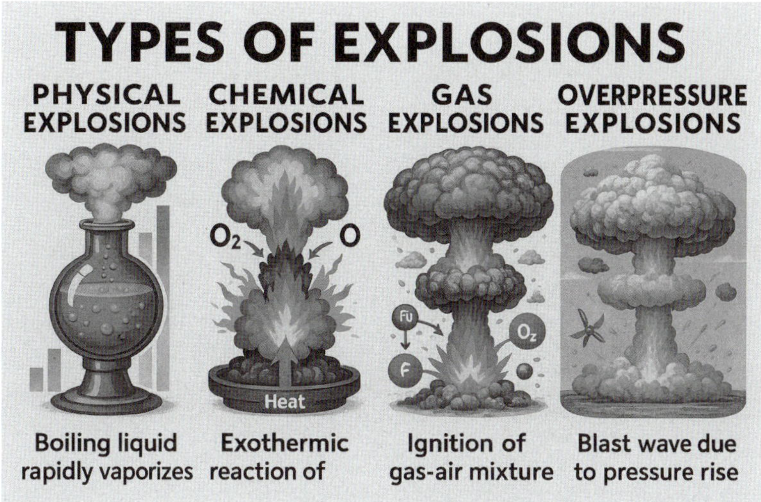

그림 3.6 폭발 유형별 메커니즘 비교

3.3 폭발 조건 및 메커니즘 분석

1. 연료-산소 혼합비율과 폭발 한계 (LFL/UFL)

표 3.4 주요 가연성 물질의 폭발 한계 (LFL/UFL, vol %)

가연성 물질	화학식	LFL (%)	UFL (%)
메테인	CH_4	5.0	15.0
프로페인	C_3H_8	2.1	9.5
수소	H_2	4.0	75.0
아세틸렌	C_2H_2	2.5	81.0

- 폭발은 특정한 농도 범위에서만 발생하며, 이를 폭발 한계(Flammability Limit)라고 한다.
- LFL (Lower Flammability Limit): 폭발이 가능한 최소 연료 농도
- UFL (Upper Flammability Limit): 폭발이 가능한 최대 연료 농도
- 연료 농도가 LFL 미만이면 연소가 일어나지 않으며, UFL을 초과하면 산소 부족으로 연소가 제한된다.

2. 점화원과 폭발 에너지 관계

- 폭발을 유발하는 주요 점화원(ignition sources)은 다음과 같다.

- □ **전기적 점화원**: 정전기, 전기 스파크
- □ **기계적 점화원**: 마찰, 충격
- □ **열적 점화원**: 고온 표면, 화염

- 폭발이 일어나려면 점화원이 특정 에너지 이상이어야 하며, 이를 최소 점화 에너지(MIE, Minimum Ignition Energy)라고 한다.
- 예를 들어, 수소는 0.02 mJ의 낮은 점화 에너지를 가지므로 매우 쉽게 폭발할 수 있다.

3.4 폭발 피해 사례 분석 및 안전 대책

1. 산업시설 폭발 사고 사례

1) 2020년 베이루트 질산암모늄 폭발 사건

- 2,750톤의 질산암모늄(ammonium nitrate)이 저장된 항구에서 대규모 폭발 발생
- 폭발로 인해 200여 명 사망, 6,500명 부상, 300,000명 이상이 주거지를 잃음
- 원인: 질산암모늄의 부적절한 보관 및 화학적 불안정성

2) 2005년 텍사스 BP 정유공장 폭발 사고

- 휘발유 생산 공장에서 증류탑 가열 중 압력이 상승하여 폭발 발생
- 15명 사망, 180명 부상
- 원인: 방폭 설비 부족, 과압 방출 실패

2. 방폭 설비 및 예방 기술

1) 방폭 설비 (Explosion-proof Equipment)

- 전기설비 및 공정 장비에 방폭 기능을 추가하여 점화원 제거

  예 방폭형 모터, 방폭형 스위치

2) 폭발 예방 기술

- 가연성 가스 및 분진 농도 감지 센서 적용
- 안전밸브 및 폭발 방지 시스템 도입
- 공기 환기 시스템을 통해 가스 누적 방지

3) 위험물 저장 및 취급 안전 기준 강화

- 고위험 물질(질산암모늄, 가연성 가스 등)은 적절한 보관 규정을 준수해야 함
- 방폭 구역 설정 및 관리

4 연소생성물과 유해성 분석

4.1 연소생성물의 종류 및 특성

1. 연소 과정에서 발생하는 주요 생성물

연소가 진행되면서 다양한 연소생성물이 발생하며, 이들은 연료의 화학적 조성과 연소 조건에 따라 달라진다. 대표적인 연소생성물은 다음과 같다.

1) 일산화탄소 (carbon monoxide, CO)

- 불완전 연소 시 발생하는 무색·무취의 유독가스
- 혈액 내 헤모글로빈과 결합하여 산소 공급을 방해

2) 이산화탄소 (carbon dioxide, CO_2)

- 완전 연소 시 발생하는 기체로, 화재 시 질식을 유발할 가능성이 있음
- 대기 중 농도가 높아지면 산소 부족 현상을 초래

3) 질소산화물 (nitrogen oxides, NOx)

- 고온 연소 시 질소와 산소의 반응으로 생성되는 유해가스
- 기관지 자극 및 대기오염의 원인이 됨

4) 사이안화수소 (hydrogen cyanide, HCN)

- 질소 함유 물질(예 플라스틱, 섬유)이 연소할 때 생성되는 독성 기체
- 신경계 마비와 호흡 장애를 유발

5) 폼알데하이드 (methanal, HCHO)

- 합성수지 및 목재 제품 연소 시 발생하는 자극성 가스
- 점막 자극과 발암성 가능성이 있음

2. 연소생성물의 상태 (기체, 액체, 고체)

연소생성물은 물리적 상태에 따라 다음과 같이 분류된다.

- 기체 상태: CO, CO_2, NOx, HCN 등
- 액체 상태: 타르 성분, 연소 중 생성되는 응축 화합물
- 고체 상태: 연소 과정에서 생성된 그을음, 탄소 입자

표 3.5 연소 과정에서 발생하는 주요 연소생성물과 특성

연소생성물	화학식	발생 원인	특성 및 유해성
일산화탄소	CO	불완전 연소	혈액 내 산소 운반 방해, 질식 유발
이산화탄소	CO_2	완전 연소	고농도 시 질식 위험, 온실가스
질소산화물	NOx	고온 연소	호흡기 자극, 대기오염 원인
사이안화수소	HCN	플라스틱 연소	신경계 마비, 고농도 시 치명적
폼알데하이드	HCHO	목재, 섬유 연소	눈·호흡기 자극, 발암 가능성
그을음 (탄소 입자)	C	불완전 연소	호흡기 질환 유발, 공기 중 부유

4.2 연소생성물의 유해성 분석

1. 유독가스 및 미세입자의 건강 영향

화재 시 발생하는 유독가스와 미세입자는 인체 건강에 다양한 영향을 미칠 수 있다.

1) 호흡기 영향

- CO: 산소 공급 저하로 질식 유발
- NOx: 기도 및 폐 손상, 만성 호흡기 질환 유발

2) 신경계 영향

- HCN: 신경계 마비 및 호흡 정지 초래
- 폼알데하이드: 신경계 자극 및 두통, 어지러움 유발

3) 발암 가능성

- 폼알데하이드 및 벤젠류: 장기간 노출 시 암 발생 위험 증가

2. 화재 시 연소생성물이 인체 및 환경에 미치는 영향

1) 실내 공기질 악화

- 화재 발생 시 밀폐된 공간에서 유해가스 농도가 급격히 증가
- CO_2 농도 증가로 인한 산소 부족 및 질식 위험

2) 환경 오염

- NOx, CO_2 등의 대기 중 방출로 인한 기후 변화 영향
- 플라스틱 연소 시 다이옥신(dioxin)과 같은 환경 독성 물질 발생

4.3 화재 시 연기 확산 및 제어 방법

1. 연기 거동 및 유동 특성

1) 온도에 따른 연기 확산

- 뜨거운 연기는 상승하며 천장으로 이동(굴뚝 효과)
- 공기 흐름에 따라 연기 이동 속도와 확산 범위가 결정됨

2) 연기 층 형성

- 밀폐된 공간에서는 연기 층이 형성되며 하부의 산소 농도가 급격히 감소
- 연기 층이 하강하면 대피 가능성이 낮아짐

3) 유독가스 농도 증가

- 초기 화재 시 CO, HCN 등의 유독가스 농도가 급격히 상승
- 연소가 지속되면 연기 내 미세입자 농도 증가

표 3.6 주요 제연설비 및 기능 비교

제연설비 종류	기능	적용 사례
기계식 배연 시스템	연기를 강제로 외부 배출	대형 건축물, 지하 공간
자연 배연 시스템	자연 공기 흐름을 이용한 연기 배출	공항, 경기장
공조 환기 시스템	실내 공기질 조절 및 연기 희석	병원, 쇼핑몰
방화문 및 차연 벽	연기 확산 방지 및 대피 경로 확보	아파트, 사무실

2. 제연설비 및 환기 시스템을 통한 관리

화재 시 연기 확산을 방지하고 안전한 대피 경로를 확보하기 위해 다양한 제연 설비가 사용된다.

1) 제연설비 (Smoke Control Systems)

- **기계식 배연 시스템**: 팬을 이용하여 연기를 외부로 배출
- **자연 배연 시스템**: 창문 개방 및 건축 구조를 활용한 연기 배출

2) 환기 시스템 (Ventilation Systems)

- 공조 시스템과 연계하여 실내 유해가스 농도 조절
- 공기정화 장치 활용하여 미세입자 및 유해가스 제거

3) 방연구획 및 방화문

- 연기 확산을 차단하는 방화문과 차연 벽 설치
- 계단실 및 대피로의 연기 유입 방지

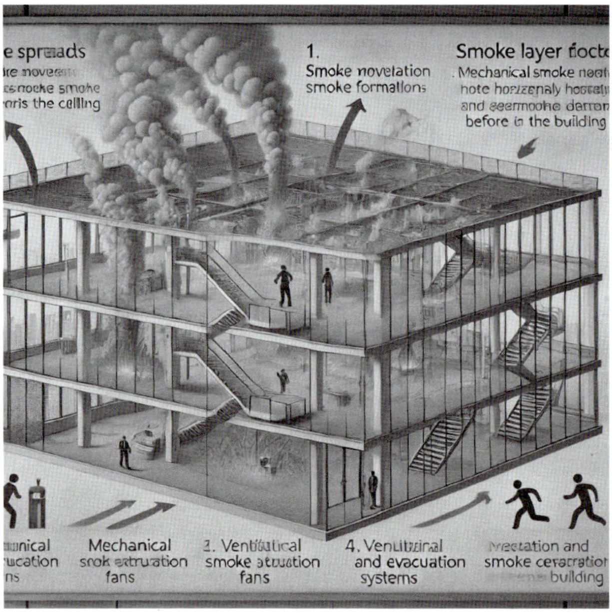

그림 3.7 화재 시 연기 확산 및 층 형성 개념도

참고문헌

- 한국소방안전원, 연소공학 개론, 한국소방안전원 출판부, 2021.
- 국립소방연구원, 화재 동역학 및 연소 반응 연구, 국립소방연구원, 2022.
- NFPA, NFPA 30: Flammable and Combustible Liquids Code, 2022.
- ISO, ISO 13571: Life-threatening components of fire – Guidelines for the estimation of time to compromised tenability, 2021.
- British Standards Institution (BSI), BS 7974: Application of Fire Safety Engineering Principles to the Design of Buildings, 2020.
- SFPE, Fire Protection Engineering Handbook, SFPE 출판부, 2020.
- Richard Gann & Raymond Friedman, Principles of Fire Behavior and Combustion, Jones & Bartlett Learning, 2020.
- Karl Kruszelnicki, Explosive Science: Understanding Fire and Detonations, Cambridge Press, 2019.
- 한국화재보험협회, 산업 시설 내 폭발 위험 평가 및 예방 가이드, 2022.
- 한국소방안전원, 연소 및 폭발 사고 사례 연구, 한국소방안전원, 2021.

Chapter

04 화재의 특성과 확산

학습 목표

- 화재의 정의와 유형을 이해하고, 화재의 주요 원인과 물리·화학적 특성을 설명할 수 있다.
- 실내 건축물 및 위험물 화재의 특성을 분석하고, 각 화재 유형에 따른 대응 전략을 수립할 수 있다.
- 건축 방재계획의 개념과 화재 확산 모델을 이해하여, 화재 예방 및 안전 설계에 적용할 수 있다.
- 화재 발생 시 연기 확산 및 피난 행동을 분석하여, 피난 안전성을 높일 수 있는 방안을 제시할 수 있다.

1 화재의 정의 및 분류

1.1 화재의 개념과 정의

1. 화재의 기본 개념 및 연소 과정

- 화재(Fire)는 연료(Fuel), 산소(Oxygen), 점화원(Ignition Source)의 세 가지 요소가 결합하여 지속해서 연소하는 현상으로 정의된다.
- 연소(Combustion)는 가연물이 산소와 반응하여 빛과 열을 방출하는 발열 반응이며, 화재는 제어되지 않는 연소를 의미한다.
- **연소 과정**:
  - ▫ **착화(Ignition)**: 가연물이 일정 온도 이상에서 발화
  - ▫ **연소(Combustion)**: 연료가 산소와 지속해서 반응하며 열 방출
  - ▫ **확산(Propagation)**: 열전달을 통해 화재가 주변으로 확산

2. 화재 발생의 주요 원인 및 연소 조건

- 화재 발생 원인은 전기적 요인, 기계적 요인, 인적 요인, 자연적 요인으로 구분된다.
  - ▫ **전기적 요인**: 누전, 과부하, 정전기
  - ▫ **기계적 요인**: 과열, 마찰, 기계적 충격

- **인적 요인**: 흡연 부주의, 난방기기 오작동
- **자연적 요인**: 낙뢰, 자발적 발화

• 연소가 발생하기 위한 화재 삼각형(Fire Triangle)과 화재 사면체(Fire Tetrahedron) 개념이 존재한다.

- **화재 삼각형**: 연료, 산소, 점화원의 세 요소
- **화재 사면체**: 연소 연쇄 반응을 포함하여 지속적인 화재 확산을 설명

그림 4.1 **화재 삼각형과 화재 사면체 개념도**

1.2 화재의 분류 및 특성

1. 화재 분류 기준

• 화재는 국제화재분류 기준(ISO), 미국 화재 예방협회(NFPA), 소방기본법 기준에 따라 분류된다.

• 대한민국 소방청의 화재 분류 기준:

- **A급 화재**: 고체 가연물(목재, 종이 등)
- **B급 화재**: 액체 가연물(휘발유, 알코올 등)
- **C급 화재**: 전기 화재 (전선, 분전반, 전기기기 등)
- **D급 화재**: 금속 화재(마그네슘, 알루미늄 등)
- **K급 화재**: 주방 화재(식용유 등)

표 4.1 화재 분류 기준

화재 등급	설명	발생 예시	소화 방법	비고
A급 화재 (일반 화재)	고체 가연물(목재, 종이, 직물 등)의 연소	주거시설, 사무실, 도서관	물, 포소화기, 분말 소화기	연소 후 재발생 가능
B급 화재 (유류 화재)	인화성 액체(휘발유, 알코올, 페인트 등)의 연소	주유소, 화학 공장, 실험실	포소화기, CO_2 소화기, 분말소화기	물 사용 금지
C급 화재 (전기 화재)	전기적 설비, 전선, 분전	변전실, 전기실, 서버실	CO_2 소화기, 할론 소화기, 전원 차단 후 진압	전원 차단 필수
D급 화재 금속 화재)	반, 전기기기 등의 화재	금속 가공 공장, 항공기 제조업	금속 전용 소화제 (MET-L-X, TEC)	특수 소화기 필요
K급 화재 (주방 화재)	유지류(식용유, 버터 등)의 연소	식당, 주방, 패스트푸드점	K급 전용 소화기, 포소화기	물 사용 시 화재 확산

2. 화재 유형별 특징

- **A급 화재**: 연소 후 재가 남으며, 물을 이용한 소화가 효과적
- **B급 화재**: 화염이 빠르게 확산하며, 포소화기나 CO_2 소화기가 적합
- **C급 화재**: 전원을 차단한 후, CO_2 소화기나 할로젠화합물 소화기를 사용
- **D급 화재**: 특수 금속 화재 전용 소화제가 필요함
- **K급 화재**: 기름 화재로 물 사용 금지, K급 소화기

3. 화재의 열전달 방식

- **전도(Conduction)**: 고체를 통해 열이 이동
- **대류(Convection)**: 뜨거운 공기가 상승하며 열전달
- **복사(Radiation)**: 열이 전자기파 형태로 전달

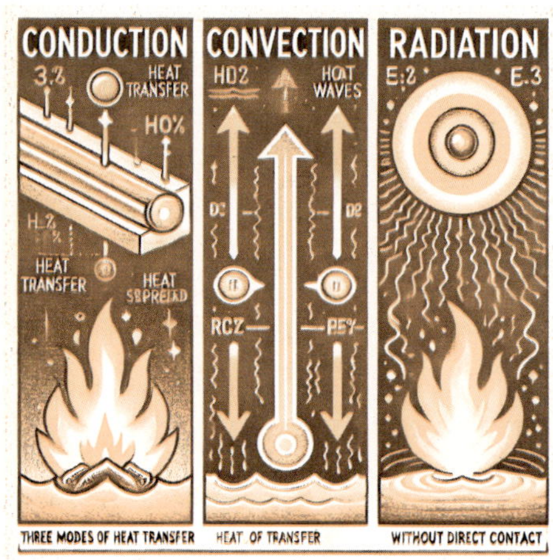

그림 4.2 화재의 열전달 방식 개념도

2 실내 건축물 및 위험물 화재 특성

2.1 실내 건축물 화재 특성

1. 건축물 내부 구조와 화재 확산 관계

- 건축물의 구조에 따라 화재 확산 속도가 달라짐
- 개방형 구조에서는 공기 공급이 원활하여 화재가 빠르게 확산함
  - 예 대형 창고, 쇼핑몰, 공장 등의 개방형 구조에서는 불길이 자유롭게 퍼지며 화재 확산이 신속하게 이루어짐
- 구획된 공간에서는 벽, 문, 방화 구획 등의 역할로 화재 확산이 지연됨
  - 예 사무실, 아파트 등의 공간에서는 방화문과 방화 구획을 설치하여 불길을 차단하고 연기 확산을 제한할 수 있음
- 층별 구조, 출입문 및 창문의 배치가 화재의 확산에 영향을 미침
  - □ 계단실과 엘리베이터 샤프트는 굴뚝 효과(Stack Effect)로 인해 연기와 열이 빠르게 상승할 수 있음
  - □ 공조 시스템과 환기시설이 불완전하게 차단되면 화재와 연기가 빠르게 확산할 위험이 있음

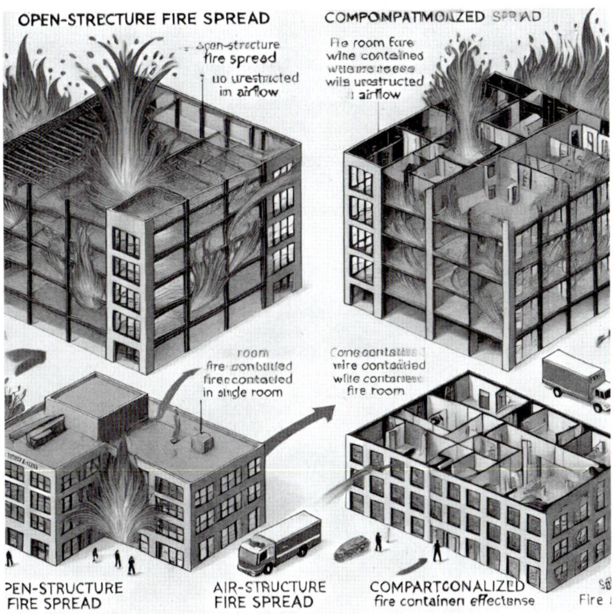

그림 4.3 건축물 구조에 따른 화재 확산 경로 비교

2. 내장재 및 마감재의 연소 특성과 위험성

- 가연성 내장재 사용 시 화재 확산이 가속화됨
  - ▫ 목재, 합판, 직물 등의 가연성 자재는 화재 시 빠르게 연소하며 연소생성물로 다량의 유독가스를 배출함
  - ▫ 합성수지(폴리염화바이닐, 폴리우레탄 등)는 연소 시 사이안화수소(HCN)와 같은 독성 화합물을 방출하여 인체에 치명적인 영향을 미칠 수 있음
- 내화성 건축 자재 사용이 중요
  - ▫ 내화성이 높은 건축 재료는 일정 시간 동안 화재로부터 건물의 구조적 안정성을 유지하도록 설계됨
  - ▫ 주요 내화 자재: 방화 유리, 철근 콘크리트, 내화 석고보드, 방화문 등
  - ▫ 방화 구획 내 내화 성능이 강화된 자재를 사용하면 피난 시간 확보가 가능하며, 화재 피해를 최소화할 수 있음

표 4.2 가연성 및 내화성 건축 자재 비교

구분	재료 종류	연소 특성	유독가스 방출 여부
가연성 내장재	목재, 합판, 직물	연소 속도 빠름	CO, HCN, NOx 발생
가연성 합성수지	PVC, 폴리우레탄, 아크릴	유독가스 다량 방출	HCN, CO, NOx 발생
불연성 내장재	석고보드, 세라믹 타일	연소하지 않음	유독가스 없음
내화성 구조재	철근 콘크리트, 방화 유리	일정 시간 내화 성능 유지	유독가스 없음

3. 밀폐 공간과 개방 공간의 화재 확산 비교

1) 밀폐 공간에서의 화재 확산

- 밀폐 공간에서는 연소 과정에서 발생하는 가스와 열이 내부에 축적되면서 연소 환경이 급변할 가능성이 높음
  - ▫ 불완전 연소 시 다량의 일산화탄소(CO), 사이안화수소(HCN) 등이 축적되어 질식 위험이 증가함
  - ▫ 화재가 진행되면서 실내 온도가 급격히 상승하면 플래시오버(Flashover)나 백드래프트(Backdraft)가 발생할 위험이 있음

- 공기 공급이 제한된 상태에서 불완전 연소가 지속되면 연소 속도가 느려질 수 있으나, 급격한 산소 유입 시 폭발적인 연소가 진행될 수 있음

2) 개방 공간에서의 화재 확산

- 개방 공간에서는 연료와 산소 공급이 원활하여 불길이 급속도로 확산함
  - □ 공기 흐름과 바람의 영향으로 화재가 예상보다 빠르게 확산할 가능성이 있음
  - □ 개방형 구조(예 창고, 공장)의 경우 방화 구획이 부족하면 대규모 화재로 확대될 위험이 큼
  - □ 다만, 연기와 유독가스가 빠르게 희석되면서 밀폐 공간에 비해 질식 위험은 상대적으로 낮음

표 4.3 밀폐 공간과 개방 공간의 화재 확산 특성 비교

구분	화재 확산 속도	연소생성물 축적 여부	유독가스 농도	화재 위험성
밀폐 공간	상대적으로 느림	높음 (불완전 연소)	CO, HCN 농도 증가	Backdraft, Flashover 위험
개방 공간	매우 빠름	낮음 (공기 순환 가능)	유독가스 희석 효과	바람에 의해 화재 확산 가능성 증가

2.2 위험물 화재 특성

1. 위험물의 분류 및 성상 (위험물안전관리법 기준)

위험물은 연소 특성과 화학적 반응성에 따라 총 6가지로 분류됨

- **제1류**: 산화성 고체(과망가니즈산칼륨, 질산칼륨 등)
- **제2류**: 가연성 고체(황, 마그네슘 등)
- **제3류**: 자연 발화성 및 금수성 물질(황린, 나트륨 등)
- **제4류**: 인화성 액체(휘발유, 알코올, 벤젠 등)
- **제5류**: 자기반응성 물질(나이트로화합물, 유기과산화물 등)
- **제6류**: 산화성 액체(과산화수소, 질산 등)

표 4.4 위험물의 분류 및 특성

구분	위험물 종류	대표 물질	특성	주요 위험성	소화 방법
제1류	산화성 고체	질산칼륨, 과망가니즈산칼륨	산소를 공급하여 연소를 촉진	충격, 마찰 시 발화 가능	물 소화 가능 (일부 제외)
제2류	가연성 고체	황, 마그네슘, 철분	공기 중에서 쉽게 연소	연소 속도가 빠르고 발화점이 낮음	가급적 질식 소화 (CO_2, 분말)
제3류	자연발화성 및 금수성 물질	황린, 나트륨, 칼륨	공기 중 또는 물과 반응해 자연발화	물과 접촉 시 폭발 위험	건조 모래, 금속 화재용 소화제
제4류	인화성 액체	휘발유, 아세톤, 메테인올	저온에서도 증발하여 가연성 가스 형성	증기 확산 시 폭발 가능성	폼 소화기, CO_2 소화기 사용
제5류	자기반응성 물질	나이트로화합물, 유기과산화물	산소 공급 없이도 연소 가능	폭발 위험이 높음	냉각 소화가 효과적
제6류	산화성 액체	과산화수소, 질산	산소 공급원으로 작용	다른 물질과 반응 시 폭발 가능	다량의 물로 희석 후 소화

2. 위험물 저장 및 취급 중 화재 위험성 분석

1) 위험물 저장 및 취급 시 주요 화재 위험 요인

- 부적절한 저장 환경(고온, 습도 변화 등)
- 통풍이 불량한 밀폐 공간에서 가연성 가스 축적
- 취급 부주의(충격, 마찰, 정전기 발생 등)

2) 안전 관리를 위한 주요 대책

- 위험물은 지정된 장소에 보관하고 화학적 반응을 고려하여 적절한 이격거리 유지
- 환기 시스템을 설치하여 가연성 증기가 축적되지 않도록 관리
- 정전기 방지 장비(접지, 도전성 용기) 사용

3. 대표적인 위험물 화재 사례 분석

1) 2020년 베이루트 질산암모늄 폭발 사고

- **사고 개요**: 2,750톤의 질산암모늄이 적절한 안전 조치 없이 항구 창고에 보관되다가 대규모 폭발 발생

- **화재 원인**: 열 축적 및 산화반응으로 인한 급격한 연소
- **결과**: 200여 명 사망, 6,500명 부상, 대규모 도시 피해 발생
- **교훈**: 위험물 보관 및 관리 기준 강화 필요, 화재 감지 시스템 도입 필수

이와 같은 내용을 반영하여 위험물의 특성을 고려한 저장 및 취급 기준이 필요하며, 사고 예방을 위한 철저한 안전 대책이 필수적이다.

3 건축 방재계획 및 화재 확산 모델

3.1 건축 방재계획의 개념과 중요성

1. 방화 구획, 내화구조, 방화문의 역할

1) **방화 구획(Fire Compartment)**은 건물 내부를 일정한 구역으로 나누어 화재 확산을 방지하는 구조적 설계 방식

- 방화 구획 내 화재 발생 시, 일정 시간 동안 불길과 연기를 차단하여 대피 시간을 확보함
- **주요 구성 요소**: 방화벽, 방화문, 내화구조, 방화셔터 등

2) **내화구조(Fire-Resistant Structure)**는 화재 시 일정 시간 동안 구조적 안정성을 유지하도록 설계된 건축물의 기본 요소

- 철근 콘크리트, 내화 석고보드, 방화 유리 등 내화 성능이 뛰어난 재료가 사용됨
- 건물의 구조적 붕괴를 지연시켜 소방대원이 진입하여 진화 작업을 수행할 시간을 제공

3) 방화문의 역할

- 일반 문과 달리 일정 시간 동안 화염과 연기를 차단하는 기능을 수행
- 건물 내 방화 구획 사이에 설치하여 화재 확산을 최소화
- 자동 닫힘 기능 및 내화성 재질(강철, 방화 유리 등) 적용

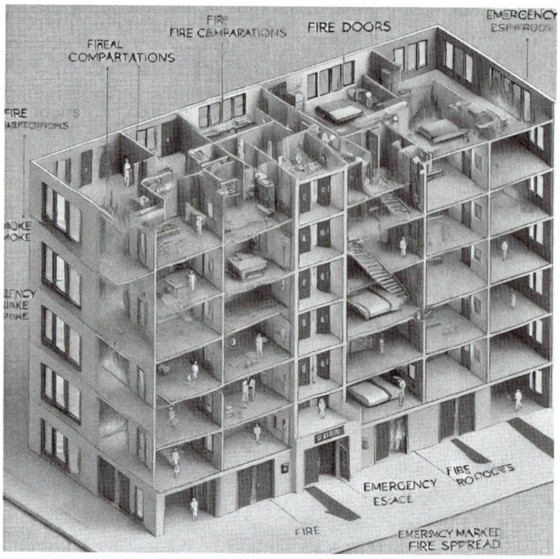

그림 4.4 건물 내부 방화 구획 및 방화문 구성 개념도

2. 대형 건축물에서의 화재 예방 및 대응 체계

1) **대형 건축물(쇼핑몰, 병원, 호텔, 고층빌딩 등)**에서의 화재 예방과 대응은 일반 건축물보다 더 철저한 방재계획이 필요

- 사람이 밀집된 장소에서는 화재 발생 시 대피 혼잡도가 증가하므로 대피 동선을 고려한 설계가 필수적
- 건물 내 다양한 공간(주거 공간, 업무공간, 상업공간)이 혼재하는 경우 공간별 화재 위험도를 평가하고 대비해야 함

표 4.5 대형 건축물에서 필수적인 소방시설 및 역할

소방시설	설명	주요 역할
스프링클러 시스템	화재 감지 후 자동으로 물 분사	초기 화재진압
자동화재탐지설비	화재 감지 센서(연기, 열 감지)	조기 화재 경보
소화전 시스템	건물 내부 및 외부에 설치된 수압식 소화 기구	소방대원 및 시민 소화 활동 지원
배연설비	연기와 유독가스를 외부로 배출	연기 확산 방지 및 대피 안전성 향상
방화셔터	특정 구역의 화재 확산 차단	대형 건축물 내 화재 격리

2) 소방시설과 대피 경로 확보

- **주요 소방시설**: 스프링클러, 자동화재탐지설비, 소화전, 배연설비, 방화셔터 등
- **대피 경로**: 복도, 계단, 비상구의 위치와 접근성을 고려하여 설계

3. 현대 건축물의 화재 안전 설계

- 현대 건축물은 기존의 화재 안전 설계를 개선하여 친환경 내화재 활용, 자동화 소방 시스템 도입, 스마트 방재 기술 적용이 이루어지고 있음
  - **친환경 내화재**: 불연성 재료 사용(예 방화 유리, 무기질 단열재)으로 화재 확산 위험을 감소
  - **스마트 방재 시스템**: IoT(사물인터넷) 기반 화재 감지 센서, 자동 대피 안내 시스템, AI 기반 화재 위험 예측 모델 도입

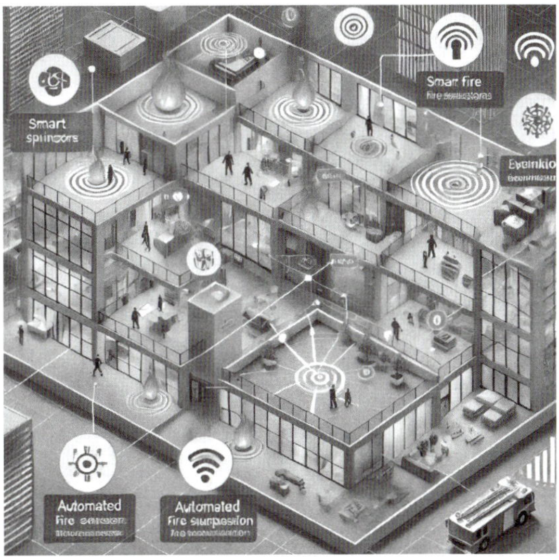

그림 4.5 **스마트 빌딩 화재 감지 및 대응 시스템 개념도**

3.2 화재 확산 모델 및 분석

1. 화재 확산 예측 모델 (CFD, FDS)

1) CFD(Computational Fluid Dynamics, 전산 유체역학)

- 화재 발생 시 연기 및 열의 흐름을 시뮬레이션하는 기법
- 건물 내부 공기 순환 및 온도 변화를 분석하여 화재 확산 경로를 예측

㉮ 터널 화재 시 연기 흐름 분석을 통한 연기 배출 시스템 설계

2) FDS(Fire Dynamics Simulator, 화재 동역학 시뮬레이터)

- 미국 NIST(국립표준 기술연구소)에서 개발한 화재 시뮬레이션 소프트웨어
- 화재의 열 방출률(Heat Release Rate, HRR), 연기 이동, 유독가스 확산 등을 시뮬레이션
- 건축물의 화재 위험성을 사전에 평가하여 방화 설계에 활용

2. 실내 및 외부 공간에서의 화재 확산 패턴

- 화재는 공기 흐름, 온도 차이, 구조적 배치 등에 따라 확산 패턴이 달라짐
- 실내 화재 확산 특성
  - ▫ 개방형 구조에서는 연기와 화염이 빠르게 확산
  - ▫ 방화 구획이 없는 경우 전 층 화재로 확대될 가능성이 높음
- 외부 공간 화재 확산 특성
  - ▫ 바람, 기온, 습도 등의 기상 조건에 영향을 받음
  - ▫ 건물 외벽 마감재가 가연성일 경우 불길이 건물 외부를 타고 빠르게 확산 가능
  - ▫ 초고층 건물에서는 굴뚝 효과(Stack Effect)로 인해 연기가 빠르게 상승하여 최상층까지 확산할 수 있음

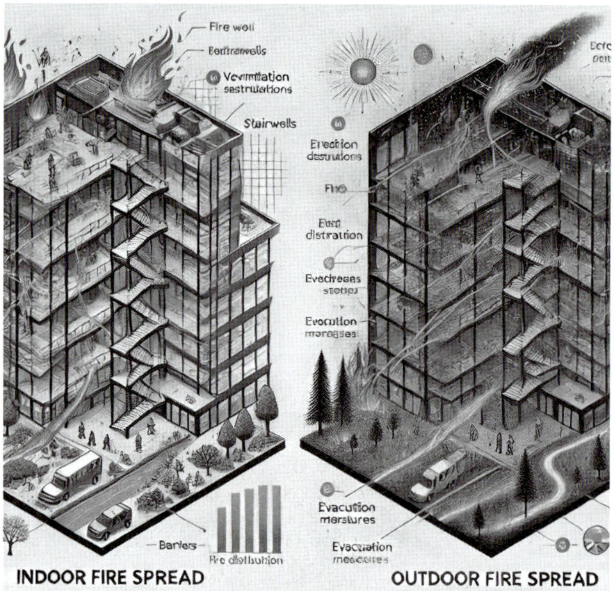

그림 4.6 실내 및 외부 공간에서의 화재 확산 시뮬레이션 비교

3. 실험 및 시뮬레이션을 통한 화재 확산 분석

- 실험적으로 화재 확산 속도, 연소생성물, 온도 변화, 유독가스 농도 등을 측정하여 화재 안전 설계를 개선함
- 대표적인 화재 확산 실험 방법
  - **실제 규모 실험** (Full-Scale Fire Test): 건축물 내부에서 실제 화재 발생 시 열 및 연기 확산 속도를 측정
  - **축소 모델 실험** (Scale Model Test): 축소된 건물 모델을 사용하여 화재 확산을 시뮬레이션

표 4.6 실험적 화재 확산 분석과 시뮬레이션 비교

분석 방법	설명	장점	단점
CFD 시뮬레이션	전산 유체역학을 활용한 화재 확산 예측	비용 절감, 다양한 조건 설정 가능	실제 실험보다 정확성 낮을 수 있음
FDS 시뮬레이션	화재 동역학을 기반으로 연기 및 열 확산 모델링	건축물 내 화재 위험 평가 가능	실험 환경 설정이 복잡
실험적 분석	실제 환경에서 화재 확산 과정 분석	가장 정확한 데이터 확보 가능	비용 및 시간 소요 큼

- 화재 확산 실험 데이터 활용 예시
  - 초고층 건물의 피난 시스템 설계
  - 대형 쇼핑몰, 터널, 지하 공간에서의 화재 대비 설계
  - 위험물 저장소 및 산업시설에서의 화재 확산 분석

4 연기와 화재 시 피난 행동 분석

4.1 연기 발생 및 확산 특성

1. 연기의 성분과 유독가스 발생 과정

- 화재 발생 시 연소 과정에서 다양한 연기 및 유독가스가 발생함
  - 연기는 미세한 입자와 기체 상태의 유독물질이 혼합된 상태로, 가시성을 감소시키고 호흡기 질환을 유발할 수 있음
- 주요 유독가스 종류
  - **일산화탄소(CO)**: 불완전 연소 시 다량 발생하며, 혈액 내 산소 공급을 방해

하여 질식 위험이 큼

- **이산화탄소(CO_2)**: 연료 완전 연소 시 발생하며, 공기 중 농도가 증가하면 호흡 곤란을 유발
- **사이안화수소(HCN)**: 플라스틱, 합성수지 등의 연소 시 발생하며, 신경계에 치명적인 영향을 줌
- **폼알데하이드(CH_2O)**: 건축 내장재 및 가구의 연소 시 발생하며, 눈과 호흡기를 자극하는 독성이 있음

표 4.7 주요 연기 성분과 건강 영향

연기 성분	발생 원인	건강 영향
일산화탄소(CO)	불완전 연소	질식, 두통, 의식 소실
이산화탄소(CO_2)	완전 연소	호흡 곤란, 신경 마비
사이안화수소(HCN)	합성수지, 플라스틱 연소	신경계 손상, 호흡 마비
폼알데하이드(CH_2O)	가구, 내장재 연소	눈과 피부 자극, 폐 질환 유발

2. 연기 이동에 영향을 미치는 요인

- 연기는 화재 발생 시 기류, 온도 차이, 구조적 환경 등의 영향을 받아 이동하며, 실내에서의 연기 확산 경로를 예측하는 것이 중요함
  - **온도 차이**: 연소 시 발생하는 고온의 연기는 자연스럽게 상승하며, 건물 내부 상층부로 빠르게 이동(굴뚝 효과, Stack Effect)

그림 4.7 연기 확산 과정과 주요 요인 개념도

- □ **공기 흐름**: 개방된 문, 창문, 환기구를 통해 연기가 확산하며, 외부 바람의 영향을 받을 수도 있음
- □ **방화구획 및 밀폐성**: 방화문이 닫혀 있으면 연기의 확산이 지연되며, 개방된 공간에서는 빠르게 확산함

3. 화재 시 연기 제어 기술

연기 확산을 제어하는 것은 피난 경로를 확보하고 인명 피해를 최소화하는 데 필수적

- 제연설비(Smoke Control System)
  - □ 기계적 배연 시스템: 연기를 외부로 배출하는 팬과 덕트 시스템을 포함
  - □ 자연 환기 방식: 연기가 자연스럽게 외부로 빠져나갈 수 있도록 건물 설계 시 고려
- 압력 차이 활용한 연기 차단 기술
  - □ 계단실, 엘리베이터 샤프트 등의 공간에 양압(Overpressure)을 형성하여 연기가 유입되지 않도록 함
- 소방시설과 연계된 연기 확산 방지 시스템
  - □ 스프링클러와 자동화재탐지설비(AFD) 연동으로 연소 초기 단계에서 연기 확산을 최소화

표 4.8 화재 연기 제어 기술 비교

기술명	설명	적용 사례
기계적 배연	강제 배기 팬을 이용한 연기 배출	지하철 역사, 쇼핑몰
자연 환기	연기 상승을 고려한 환기구 설치	주거 및 사무용 건물
양압 시스템	연기 유입을 방지하기 위한 압력 조절	초고층 건물, 병원

4.2 화재 시 피난 행동 분석

1. 인간의 화재 시 행동 패턴과 심리적 요인

1) 화재 발생 시 공황 반응이 주요 요인으로 작용하여 적절한 피난 행동을 방해할 수 있음

- 화재 시 초기 대응이 늦어지는 주된 이유
  - □ **인지 지연**: 화재를 감지했음에도 불구하고 심각성을 즉시 인지하지 못하

는 현상
- **집단 동조 효과**: 다른 사람들이 대피하지 않으면 함께 행동을 미루는 경향
- **출구 봉쇄 선택**: 익숙한 경로를 통해 탈출하려는 경향이 있어, 대체 경로 이용이 어려움

2) 피난 행동의 심리적 요인 분석

- 화재 시 본능적인 피난 경로 선택을 연구하여 대피 경로 안내 시스템 개선이 필요
- 긴급 상황에서 효과적인 피난 유도 방법을 고려해야 함

2. 대피 경로 및 피난 안전 설계

- 피난 경로는 건물 구조에 따라 다양하게 설계되며, 출구 및 대피 시간 확보가 가장 중요한 요소
  - **비상구 설계**: 최소 2개 이상의 독립적인 피난 경로를 제공하여 화재 시 특정 구역에서의 대피할 수 없는 경우를 대비해야 함
  - **대피 유도 시스템**: 화재 시 정전이 발생할 수 있으므로, 야광 유도등 및 비상 조명이 필수적
  - **엘리베이터 피난 금지**: 화재 발생 시 엘리베이터 이용이 위험하므로, 계단 및 피난층을 활용한 대피 경로 설계가 필요

그림 4.8 화재 시 인간의 행동 패턴 및 주요 피난 장애 요인 개념도

표 4.9 대피 경로 설계 시 고려해야 할 요소

요소	설명	적용 사례
다중 피난 경로	최소 2개 이상의 출구 확보	지하철 역사, 쇼핑몰
비상 조명	정전 시에도 작동하는 유도등 설치	고층 건물, 호텔
계단식 피난	엘리베이터 사용 금지, 계단 중심 대피	초고층 사무용 건물

3. 대규모 시설에서의 피난 안전 전략

- 대형 쇼핑몰, 공연장, 병원, 지하철 등 대규모 시설에서는 화재 발생 시 다수의 인원이 동시에 피난해야 하므로 효율적인 대피 전략이 필수적
  - ▫ **군중 관리 전략**: 사람들이 한 방향으로만 몰리면 압사 위험이 증가하므로, 다중 출구를 개방하여 분산 피난을 유도
  - ▫ **유도 방송 시스템**: 피난 유도 방송을 통해 사람들이 신속하게 이동할 수 있도록 안내
  - ▫ **화재 시뮬레이션 활용**: 실제 대피 훈련 및 FDS(Fire Dynamics Simulator)를 이용한 피난 경로 최적화
- 특수 시설에서의 대피 방법
  - ▫ **병원 및 장애인 시설**: 거동이 불편한 인원을 우선 대피할 수 있도록 엘리베이터 예외적 사용 고려
  - ▫ **지하철 및 터널**: 연기 배출이 어려운 환경이므로, 환기 시스템을 통한 공기 공급이 중요

그림 4.9 **대규모 시설에서의 피난 행동 시뮬레이션 개념도**

■ 참고문헌

- 소방청, 대형 화재 사례 분석 및 확산 패턴 연구, 소방청 보고서, 2022.
- 국립소방연구원, 건축물 내 화재 확산 모델링 및 실험 연구, 2023.
- NFPA, NFPA 92: Standard for Smoke Control Systems, 2022.
- NFPA, NFPA 204: Guide for Smoke and Heat Venting, 2021.
- ISO, ISO 16733: Fire Safety Engineering – Selection of Design Fire Scenarios and Design Fires, 2021.
- SFPE, Fire Protection Engineering Handbook, SFPE 출판부, 2020.
- 한국소방안전원, 건축물 화재 확산 및 방화구획 연구, 한국소방안전원 출판부, 2022.
- British Standards Institution (BSI), BS 7974: Application of Fire Safety Engineering Principles to the Design of Buildings, 2020.
- 한국건축방재학회, 화재 시 건축물 내 피난 및 대피 계획 연구, 2021.
- Richard Bukowski, Fire Dynamics for Fire Protection Engineers, CRC Press, 2019.

P/A/R/T

03

소화 및 소방시설

Chapter 05

소화 이론 및 소화약제

학습 목표

- 소화의 기본 원리를 이해하고, 연소와 소화의 관계를 설명할 수 있다.
- 화재 유형별로 적절한 소화 방법(제어, 제거, 희석, 냉각)을 적용하는 원리를 분석할 수 있다.
- 수계, 가스계, 포소화약제, 분말소화약제의 특성과 소화 메커니즘을 비교하여 설명할 수 있다.
- 각 소화약제의 장점과 한계점을 분석하고, 실제 적용 사례를 검토할 수 있다.
- 최신 자동화 소화 시스템 및 친환경 소화약제의 개발 동향을 이해하고, 소방 기술의 발전 방향을 논의할 수 있다.

1 소화 원리 및 기초 개념

1.1 소화의 기본 원리

1. 소화의 정의 및 목적

1) 인명 보호

- 화재 발생 시 가장 중요한 목표는 인명을 보호하는 것임
- 연기와 유독가스는 화재로 인한 주요 사망 원인으로 작용하며, 조기 소화가 생존 가능성을 높이는 데 필수적임
- 건물 내 피난 경로 확보를 위해 화재 초기에 효과적인 소화 조치가 요구됨

2) 재산 피해 최소화

- 화재로 인한 건축물, 설비, 장비 등의 손실을 줄이는 것이 중요함
- 소화 시스템을 활용하여 화재 발생 초기에 진압하면 직접적인 손실뿐만 아니라 간접적인 경제적 피해도 줄일 수 있음

3) 환경 보호

- 화재 시 발생하는 유독가스와 연소 부산물은 대기 및 수질 오염을 유발할 수 있음
- 친환경적인 소화약제를 사용하여 환경 피해를 최소화하는 것이 중요함

4) 연쇄 화재 방지

- 화재는 복사열, 대류, 전도를 통해 확산하므로 적절한 소화 조치를 통해 주변으로의 확산을 막아야 함
- 연쇄 화재 방지를 위해 방화구획, 자동 소화 시스템 등의 설비를 활용하는 것이 필요함

2. 소화의 필요성과 적용 범위

1) 소화의 필요성

- 건축물, 산업시설, 교통수단 등 다양한 환경에서 화재 위험이 존재함
- 현대 도시에서는 고층 건물과 밀집된 구조로 인해 화재진압의 필요성이 더욱 높아짐

2) 소화의 적용 범위

- **건축물 화재**: 주거시설, 상업시설, 공공기관 등
- **산업시설 화재**: 공장, 창고, 위험물 저장소 등
- **교통수단 화재**: 자동차, 항공기, 선박 등
- **자연 화재**: 산불, 초목 화재 등

1.2 연소 과정과 소화 과정의 관계

1. 연소의 기본 원리

1) 연소의 필수 요소(화재 삼각형 및 사면체)

- 화재가 발생하기 위해서는 연료(Fuel), 산소(Oxygen), 점화원(Ignition Source)의 세 가지 요소가 필요하며, 이를 화재 삼각형(Fire Triangle)이라 함
- 연소 연쇄 반응을 포함한 개념을 화재 사면체(Fire Tetrahedron)라고 하며, 이는 화재 지속을 위한 필수 요소임

2) 연료(Fuel)

- 가연성 물질이 연소하기 위해서는 고체, 액체, 기체 상태에 따라 연소 특성이 달라짐
  - **고체 연료**: 열에 의해 열분해가 일어나 가연성 기체를 방출하며 연소가 지

속됨

▫ **액체 연료**: 기화 과정이 필요하며, 인화점(Flash Point) 이상의 온도에서 연소 가능

▫ **기체 연료**: 즉각적인 연소가 가능하며, 공기 중의 혼합비율이 연소 여부를 결정함

3) 산소(Oxygen)

- 연소 과정에서 산소는 산화제로 작용하며, 일반적으로 공기 중의 21% 산소가 연소를 유지함
- 산소 농도가 15% 이하로 감소하면 대부분 화재는 지속되지 못함

4) 점화원(Ignition Source)

- 연료와 산소가 충분하더라도 점화원이 있어야 연소가 시작됨
- 대표적인 점화원에는 전기 스파크, 마찰열, 고온 표면, 태양광 집중 등이 있음

2. 소화 과정과 연소반응 억제 원리

1) 소화 과정의 개념

- 소화란 화재가 지속되는 요소(연료, 산소, 열 또는 연쇄 반응)를 제거하여 연소를 중단시키는 과정임
- 적절한 소화 방법을 적용하면 화재 확산을 방지할 수 있음

2) 연소반응 억제 원리

- 연소 과정은 화학적 반응이므로 특정 조건을 변화시키면 연소가 중단됨

  ▫ **연료 제거**: 가연물을 제거하여 연소를 중지시킴

  ▫ **산소 차단**: 산소 농도를 낮추어 연소를 멈춤

  ▫ **열 제거**: 냉각을 통해 연료의 온도를 발화점 이하로 낮춤

  ▫ **연쇄 반응 차단**: 연소 연쇄 반응을 중단시켜 화재 확산을 방지함

3) 연소 속도와 소화 시간의 관계

- 연소 속도는 연료의 특성, 산소 농도, 점화원의 강도 등에 따라 결정됨
- 소화 시간은 소화약제의 효과, 화재 규모 및 환경 조건에 따라 달라짐

1.3 소화 방법의 유형

1. 제어(연료 제거) 소화 방법

1) 개념

- 연소의 주요 요소인 연료를 제거하여 화재를 억제하는 방법

2) 주요 방식

- 화재 발생 시 가연성 물질을 신속히 제거하여 연소가 지속되지 않도록 함
- 산불 발생 시 방화선(Firebreak)을 구축하여 불길 확산을 차단함
- 유류 화재 발생 시 유출된 기름을 흡착제 등으로 제거하여 연소를 방지함

2. 제거(산소 차단) 소화 방법

1) 개념

- 연소에 필요한 산소 공급을 차단하여 화재를 진압하는 방식

2) 주요 방식

- 이산화탄소(CO_2) 소화기를 사용하여 산소 농도를 낮춤
- 포소화약제(Foam Extinguishing Agent)를 사용하여 연료 표면을 덮어 산소 공급을 차단함
- 밀폐 공간에서 질소(N_2) 및 불활성 가스를 주입하여 산소 농도를 낮춤

3. 희석(연소 가스 희석) 소화 방법

1) 개념

- 가연성 가스를 희석하여 연소 가능 농도를 낮추는 방법

2) 주요 방식

- 질소 또는 아르곤 가스를 활용하여 연소 물질의 농도를 줄임
- 공장 및 연구실에서 가연성 가스가 축적되면 강제 환기를 통해 농도를 낮춤

4. 냉각(온도 저하) 소화 방법

1) 개념

- 온도를 낮추어 연료의 발화점을 아래로 낮추어 연소를 멈추는 방법

2) 주요 방식

- 물 소화기를 이용하여 화재를 진압함(냉각 효과 극대화)
- 미세 분무 시스템을 활용하여 화재를 진압하고 연기 확산을 억제함

표 5.1 주요 소화 방법 비교

소화 방법	작용 원리	적용 사례
제어(연료 제거)	가연물 제거	산불 방화선 구축, 유류 제거
제거(산소 차단)	산소 공급 차단	포소화약제, 가스계 소화
희석(연소 가스 희석)	가연성 기체 희석	공장 강제 환기, 질소 가스 주입
냉각(온도 저하)	온도 낮추어 연소 정지	물 분사, 미세 분무 시스템

1.4 소화 이론의 과학적 원리

1. 화학적 소화 vs. 물리적 소화

1) 화학적 소화

- 연소 과정에서 생성되는 자유 라디칼(Free Radical)을 제거하여 연소반응을 차단하는 방식
- 대표적인 예: 분말 소화약제(ABC 분말, BC 분말)

2) 물리적 소화

- 온도, 산소, 연료 상태를 변화시켜 소화하는 방식
- 대표적인 예: 냉각소화(물), 희석 소화(질소 가스)

2. 연소 연쇄 반응 차단 원리

- 연소는 자유 라디칼의 생성과 반응을 통해 지속됨
- 분말 소화약제는 자유 라디칼을 중화하여 연소가 지속되지 못하도록 방해함

3. 소화 과정에서의 에너지 전달

- 냉각소화 방식에서는 물이 증발하면서 기화열을 흡수하여 온도를 낮춤
- 방화벽이나 단열재는 복사열을 차단하여 연소 확산을 막음

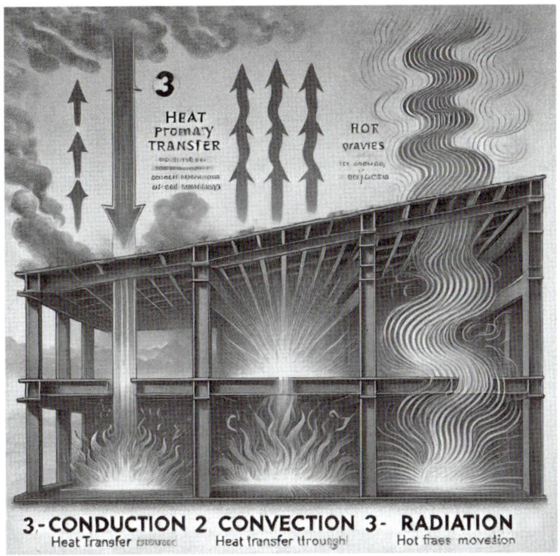

그림 5.1 화재 열전달 방식(전도, 대류, 복사) 개념도

2 소화약제의 종류 및 특성

2.1 수계 소화약제

1. 물의 소화 작용

1) 냉각 효과

- 물은 높은 비열과 증발잠열을 가지고 있어, 화재 현장에서 강력한 냉각 작용을 수행함
- 물이 불길에 닿으면 증발하며 주변 열을 흡수하고, 연료의 온도를 발화점 이하로 낮춰 연소를 멈추게 함
- 대량의 물을 사용하여 온도를 낮출 경우, 열에너지가 분산되어 연소 지속이 어려워짐

2) 질식 효과

- 물이 증발하면서 수증기가 형성되면, 연소 공간 내 산소 농도가 감소하여 연소가 억제됨
- 특히, 밀폐된 공간에서 물을 사용하면 산소 부족으로 인해 질식소화 효과를 얻을 수 있음
- 다만, 질식 효과는 밀폐된 공간에서만 효과적이며, 개방된 환경에서는 상대적으로 효과가 낮음

2. 강화액 소화약제

1) 개념 및 특성

- 강화액 소화약제는 물에 특정 첨가제를 혼합하여 소화 성능을 향상한 화학 소화약제임
- 일반적인 물 소화약제보다 침투력, 점착력, 냉각력이 우수함
- 강화액은 기름 등의 유류 화재에서도 효과적으로 사용될 수 있으며, 소화 후 재발화 방지 효과가 뛰어남

2) 적용 분야

- **전기 화재**: 물과 달리 전도성이 낮아 감전 위험이 없음
- **유류 화재**: 연료 표면에 보호막을 형성하여 산소 공급을 차단하고 재발화를 방지함
- **고온 화재**: 높은 냉각 효과로 인해 고온 물질의 화재진압에 유리함

그림 5.2 **물과 강화액 소화약제의 소화 메커니즘 비교**

3. 고압 미세 분무 시스템의 원리와 적용

- 고압 미세 분무 시스템은 초미세 입자로 분사된 물방울을 이용하여 화재를 진압하는 기술
- 물을 고압(100bar 이상)으로 분사하여 작은 입자로 변환, 표면적을 증가시켜 냉각 및 희석 효과를 극대화함
- 기존 물 소화 방식 대비 물 사용량이 적고, 전기 화재에도 안전하여 다양한

환경에서 활용됨

- **적용 사례**: 전산실, 변전소, 미술관, 병원, 역사적 건축물 등

2.2 가스계 소화약제

1. 이산화탄소(CO_2) 소화 원리 및 적용 분야

1) 원리

- **산소 희석**: 이산화탄소는 공기 중의 산소 농도를 낮추어 연소를 멈추게 함
- **냉각 효과**: 액화 상태의 CO_2가 분사되면서 기화 과정에서 주변의 열을 흡수하여 냉각 작용을 수행함

2) 적용 분야

- **전기 화재**: 전기 전도성이 없어 감전 위험이 없음
- **밀폐 공간**: 화재 발생 시 산소 차단 효과가 극대화됨 (예 서버룸, 변전소)
- **산업시설**: 가연성 액체 및 가스 저장소에서 활용됨

2. 할론계 소화약제와 대체 소화약제

1) 할론 소화약제

- 뛰어난 소화 성능을 가지고 있으나, 오존층 파괴 문제로 인해 대부분 국가에서 사용이 제한됨
- **대표적인 할론 소화약제**: 할론 1211, 할론 1301

2) 대체 소화약제

- 환경 보호를 고려하여 개발된 대체 소화약제
- **할로겐화합물(HFC-227ea, FK-5-1-12 등)**: 친환경적이며, 높은 소화 효율을 가짐
- **불활성 기체 소화약제(N_2, Ar 등)**: 산소 농도를 낮추어 소화하는 방식이며, 인체 안전성이 높음

3. 질소(N_2), 아르곤(Ar) 기반 불활성 기체 소화약제의 특성

- 불활성 기체 소화약제는 산소 농도를 화재 지속 한계 이하(약 12~15%)로 낮춰 화재를 진압함

- 인체 친화적이며, 전기 화재 및 가연성 액체 화재에서도 안전하게 사용 가능
- **주요 적용 시설**: 데이터 센터, 박물관, 도서관, 변전소 등

2.3 포소화약제

1. 포소화약제의 원리 및 소화 메커니즘

- 포소화약제는 거품층을 형성하여 산소 공급을 차단하고 연료 표면을 냉각시켜 소화를 진행함
- 액체 화재(유류 화재)에서 특히 효과적이며, 고온에서도 안정적인 성능을 유지함

2. 단백포, 합성포, 불화단백포(AFFF)의 비교

표 5.2 포소화약제의 종류 및 특성 비교

포소화약제	특징	적용 사례
단백포	단백질 성분 기반, 비교적 점성이 높음	일반 유류 화재
합성포	합성 계면활성제 포함, 내화학성이 강함	산업 화재, 화학물질 화재
불화단백포 (AFFF)	소화력이 뛰어나며 유류 화재에 특화됨	항공기 및 대형 유류 저장소

그림 5.3 포소화약제의 거품층 형성 원리

2.4 분말 소화약제

1. ABC, BC, D급 분말 소화약제의 화학적 성분 및 작용

- **ABC급 분말**: 제1인산암모늄이 주요 성분으로, 일반화재(A), 유류 화재(B), 전기 화재(C)에 대응 가능
- **BC급 분말**: 중탄산나트륨과 탄산칼륨 기반으로 유류(B) 및 전기(C) 화재에 적합
- **D급 분말**: 금속 화재 대응용으로, 주로 염화나트륨 및 흑연이 사용됨

2. 금속 화재 대응 분말 소화약제(MET-L-X, TEC)

- MET-L-X: 알루미늄, 마그네슘 등 금속 화재진압에 특화됨
- TEC: 고온에서 반응성이 높은 금속 화재에 사용되며, 고온 표면에 부착하여 연소를 차단함

3. 분말 소화약제의 장점 및 한계

1) 장점

- 화재 종류에 따라 다양한 등급(A, B, C, D)으로 대응 가능
- 높은 소화력과 신속한 반응 속도
- 물이나 가스계 소화약제보다 비용이 저렴

2) 한계

- 화재진압 후 잔여 분말이 남아 장비 및 시설에 피해를 줄 수 있음
- 금속 화재 등 특수 화재에서는 효과가 제한적일 수 있음

3 소화약제의 활용 및 소방 시스템과의 연계

3.1 소화약제 별 적응 화재 및 적용 사례

1. 화재 유형(A, B, C, D, K급)에 따른 소화약제 선택 기준

1) 화재 유형 및 특성

- **A급 화재**: 일반 가연물(목재, 종이, 섬유 등) 화재

- **B급 화재**: 유류 및 가연성 액체 화재(휘발유, 알코올 등)
- **C급 화재**: 전기 화재(변압기, 전자기기 등)
- **D급 화재**: 금속 화재(알루미늄, 마그네슘, 타이타늄 등)
- **K급 화재**: 주방 화재(식용유 및 동물성 기름)

2) 화재 유형별 적합한 소화약제

표 5.3 화재 유형별 적합한 소화약제 비교

화재 유형	적용 소화약제	특징 및 적용 방식
A급	물, 강화액, 분말(ABC)	냉각 및 질식 효과
B급	포소화약제, CO_2, 분말(BC)	산소 차단 및 연료 유동성 억제
C급	CO_2, 가스계 소화약제, 분말(BC, ABC)	전도성 방지 및 질식소화
D급	금속 화재 전용 분말(MET-L-X, TEC)	금속 표면 부착 및 냉각
K급	주방용 K급 소화약제	기름 표면에 보호막 형성 및 냉각

그림 5.4 화재 유형(A, B, C, D, K급)별 적합한 소화약제 적용 예시

2. 주요 산업 및 건축물에서의 소화약제 적용 사례

1) 산업시설

- **화학 공장**: 유기 용매 및 가연성 가스를 취급하므로 가스계 소화약제(HFC-227ea, FK-5-1-12) 또는 CO_2를 활용
- **금속 가공 공장**: 마그네슘 및 알루미늄 화재 가능성이 높아 금속 화재 전용 분말(MET-L-X, TEC) 사용

2) 건축물 및 상업시설

- **고층 건물**: 스프링클러 시스템과 연계한 수계 소화 시스템이 주로 사용됨
- **지하 시설(지하철, 터널)**: 연기 확산 방지를 위해 가스계 소화약제(N_2, Ar, CO_2) 활용
- **주방 및 레스토랑**: K급 주방용 소화약제를 이용하여 기름 화재를 효과적으로 진압

3.2 소화약제의 환경적 영향 및 대체 기술

1. 친환경 소화약제 개발 현황

1) 기존 소화약제의 환경 문제

- 할론계 소화약제(Halon 1211, 1301)는 오존층 파괴 지수가 높아 사용이 금지됨
- 일부 포소화약제(AFFF)는 플루오린 화합물(PFAS)이 포함되어 환경 오염 가능성이 있음

2) 친환경 소화약제 개발 동향

- **할로젠화합물 대체 소화약제**: HFC-227ea, FK-5-1-12
- **불활성 기체 소화약제**: 질소(N_2), 아르곤(Ar)
- **자연 유래 친환경 소화약제**: 식물성 기름 기반 K급 소화약제

2. 기존 소화약제의 환경 규제 및 대체 방안

1) 국제 환경 규제

- **몬트리올 의정서**: 할론 소화약제 사용 금지
- **교토 의정서**: HFC 계열 가스계 소화약제 사용 제한
- **유럽 환경 규제(REACH)**: 플루오린 화합물(PFAS)이 포함된 포소화약제 사용 제한

2) 대체 방안

- 이산화탄소 및 질소 기반의 친환경 소화약제 확대 적용
- 포소화약제 내 플루오린 화합물 제거 기술 개발
- 지속 가능한 생분해성 소화약제 연구 진행 중

3.3 자동 소화 시스템과 소화약제의 연계

1. 자동화 소화설비(스프링클러, 가스계 소화설비 등)와 소화약제 선택

1) 스프링클러 시스템

- 주거 및 상업 시설에서 가장 널리 사용되는 자동 소화설비
- 일반적으로 수계 소화약제(물, 강화액)를 사용하여 화재를 진압

2) 가스계 소화설비

- 전산실, 박물관, 변전소 등 물을 사용할 수 없는 환경에서 적용됨
- 질소, 이산화탄소, 할로젠화합물 기반 소화약제가 사용됨

3) 포소화약제 기반 자동 소화 시스템

- 대형 유류 저장소, 공항, 항만 등에서 적용
- 포소화 시스템은 자동 감지 후 거품을 분사하여 유류 화재를 신속히 진압

2. 최신 스마트 소화 시스템과 AI 기반 소화 기술 적용

1) AI 기반 화재 감지 시스템

- 영상 분석 및 센서 기술을 활용하여 화재 발생 초기에 자동 감지 및 경보 발령
- 스마트 카메라 및 열 감지 센서를 통해 발화점 탐지 정확도를 향상

2) 로봇 소방 시스템

- AI 제어를 통한 자율주행 소방 로봇이 개발됨
- 드론 기반 소방 시스템은 고층 건물 화재 및 위험 지역에서 효과적인 소화 활동 수행

3) 클라우드 기반 소화 시스템 통합 운영

- IoT(사물인터넷)를 활용하여 실시간 화재 모니터링 및 원격 소화 시스템 가동
- 스마트 빌딩 시스템과 연계하여 최적의 소화약제 및 대응 방법 자동 적용

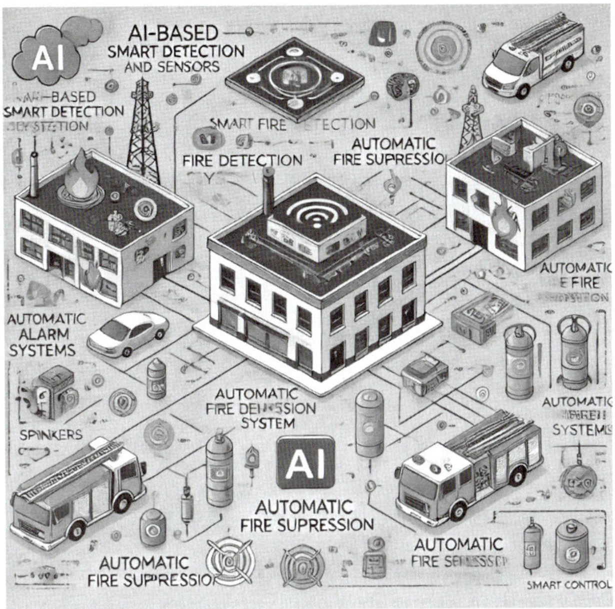

그림 5.5 AI 기반 스마트 화재 감지 및 자동 소화 시스템 개념도

참고문헌

- 소방청, 소화이론 및 소화약제 특성 연구, 소방청 연구보고서, 2022.
- 국립소방연구원, 소화약제의 효과 분석 및 신기술 연구, 2023.
- NFPA, NFPA 10: Standard for Portable Fire Extinguishers, 2022.
- NFPA, NFPA 2001: Standard on Clean Agent Fire Extinguishing Systems, 2021.
- ISO, ISO 14520-1: Gaseous Fire-extinguishing Systems – Physical Properties and System Design, 2021.
- SFPE, Fire Protection Engineering Handbook, SFPE 출판부, 2020.
- 한국소방안전원, 소화설비 및 소화약제 개론, 한국소방안전원 출판부, 2021.
- 한국화재보험협회, 소화약제의 환경적 영향 및 대체 기술 연구, 2022.
- British Standards Institution (BSI), BS 5306-0: Fire protection installations and equipment on premises, 2020.
- 김정수, 소화이론 및 소방시설 해설, 박문각, 2021.

Chapter 06

소방시설의 개요

학습 목표

- 소방시설의 정의와 역할을 이해하고, 화재 발생 시 소방시설이 수행하는 기능을 설명할 수 있다.
- 소방시설의 법적 기준 및 설치 의무를 숙지하고, 건축물의 용도에 따른 소방시설 설치 기준을 파악할 수 있다.
- 자동 소화설비(스프링클러, 물분무소화설비)의 동작 원리 및 주요 적용 사례를 이해하고 설명할 수 있다.
- 경보설비 및 피난설비의 중요성을 인식하고, 각 설비의 기능과 작동 원리를 분석할 수 있다.
- 소화 활동 설비(소화전, 방수구, 연결송수관)의 구조 및 기능을 학습하고, 화재 진압 및 소방 활동에서의 활용성을 설명할 수 있다.
- 소방시설의 유지·관리 및 점검 기준을 이해하고, 최신 스마트 소방 관리 시스템의 개념과 적용 방안을 설명할 수 있다.

1 소방시설의 역할과 분류

1.1 소방시설의 개념과 중요성

1. 소방시설의 정의 및 역할

- 소방시설은 화재를 예방하고, 발생한 화재를 신속히 감지하여 경보를 발령하며, 효과적으로 진압하고 인명을 보호하기 위한 설비 및 장치를 의미한다.
- 소방시설은 크게 화재 예방, 감지 및 경보, 화재 진압, 피난 및 소화 활동 지원 등의 기능을 수행한다.
- 건축물 내부뿐만 아니라 산업시설, 공공시설, 지하공간, 차량 및 선박 등 다양한 환경에서 화재 안전을 확보하기 위해 설치된다.

그림 6.1 소방시설의 역할과 주요 기능

2. 건축물 및 산업시설에서의 필수 안전 설비

- 소방시설의 설치 여부 및 규모는 건축물의 용도, 구조, 규모 및 법적 기준에 따라 결정된다.
- 주요 건축물 및 산업시설에 필수적으로 요구되는 소방시설의 예시는 다음과 같다.

표 6.1 건축물 유형별 필수 소방시설

건축물 유형	필수 소방시설
공동주택	자동화재탐지설비, 스프링클러, 옥내소화전
대형 상업 시설	경보설비, 제연설비, 비상 방송설비, 스프링클러
공장 및 창고	옥외 소화전, 분말소화설비, 방폭 설비
병원 및 요양시설	스프링클러, 자동화재탐지설비, 피난 유도등
지하 시설	물분무소화설비, 공기호흡기, 피난용 승강기

3. 화재 발생 시 인명 보호 및 피해 최소화 기능

- 소방시설은 화재 초기에 연기 감지 및 경보를 통해 신속한 대응을 유도하여 인명 피해를 최소화한다.
- 자동 소화설비(스프링클러, 가스계 소화설비)는 초기 화재를 빠르게 진압하

여 확산을 방지한다.

- 피난설비(비상구, 유도등, 피난 사다리)는 화재 발생 시 안전한 대피를 돕는다.
- 소방시설을 적절히 유지·관리함으로써 화재 피해를 최소화하고 재산 손실을 줄이는 역할을 한다.

1.2 소방시설의 법적 기준 및 설치 의무

1. 관련 법규(소방시설법, 건축법)와 적용 대상

- 대한민국에서는 소방시설법, 건축법, 화재 예방, 소방시설 설치·유지 및 안전관리에 관한 법률을 통해 건축물의 소방시설 설치 기준을 규정하고 있다.
- 건축물의 용도, 규모, 높이 등에 따라 필수 소방시설의 설치 기준과 유지 관리 의무가 다르게 적용된다.
- **주요 관련 법률**:
  - **소방시설법**: 소방시설의 설치·유지·관리 기준을 규정
  - **건축법**: 건축물의 방화구획, 내화구조, 피난시설 등에 대한 기준을 규정
  - **재난 및 안전관리 기본법**: 재난 발생 시 국가 및 지방자치단체의 대응 체계를 규정

그림 6.2 **소방시설 설치 및 관리 법적 기준**

2. 건축물 용도별 소방시설 설치 기준

- 건축물의 용도별 소방시설 설치 기준은 법적으로 명확하게 규정되어 있으며, 주요 기준은 다음과 같다.

표 6.2 건축물 용도별 소방시설 설치 기준

건축물 유형	필수 소방시설
30층 이상 고층 건축물	연결송수관, 제연설비, 비상 방송설비
지하층 포함 연면적 5,000m² 이상 건축물	자동화재탐지설비, 스프링클러
화재 위험도가 높은 공장	옥내소화전, 분말소화설비, 포소화설비
500명 이상 수용 가능 공연장	비상구, 유도등, 비상 방송설비

3. 주요 점검 및 유지 관리 규정

- 모든 소방시설은 정기적으로 점검 및 유지 관리해야 하며, 법적 의무가 부여되어 있다.
- 점검 유형에는 자체 점검, 정기 점검, 종합 정밀 점검이 있으며, 건축물의 규모와 용도에 따라 점검 주기가 다르다.
- 주요 유지 관리 기준은 다음과 같다.

표 6.3 주요 소방시설 점검 기준

소방시설 유형	점검 주기	점검 항목
경보설비 및 감지기	연 1회 이상	감지기, 비상경보 시스템 작동 확인
소화설비 (스프링클러, 소화전 등)	연 1회 이상	배관 및 수압 점검, 스프링클러 작동 테스트
피난설비 (유도등, 비상구 등)	반기별 1회	대피 경로 확보 및 비상구 폐쇄 여부 확인

1.3 소방시설의 주요 분류

1. 소화설비(자동 및 수동)

- **자동 소화설비**: 일정 온도가 상승하면 자동으로 작동하는 설비
  - **스프링클러 시스템**: 화재 발생 시 자동으로 물을 분사하여 진압
  - **가스계 소화설비**: 이산화탄소, 할론 등의 기체를 이용하여 화재 진압

- ▫ **물분무소화설비**: 미세한 물방울을 분사하여 화재 진압
- **수동 소화설비**: 사용자가 직접 작동해야 하는 설비
  - ▫ 소화기(ABC 분말, CO_2 소화기 등)
  - ▫ **옥내·옥외 소화전**: 화재 발생 시 소방호스를 연결하여 소화

2. 경보 및 피난설비

- **경보설비**: 화재 발생 시 경보를 울려 신속한 대피를 유도하는 설비
  - ▫ 화재감지기(연기, 열 감지기 등)
  - ▫ 자동화재탐지설비
  - ▫ 비상 방송설비
- **피난설비**: 인명을 보호하고 신속한 대피를 돕는 설비
  - ▫ 비상구 및 피난계단
  - ▫ 유도등 및 유도 표지
  - ▫ 비상 대피용 사다리 및 피난승강기

2 자동 소화설비

2.1 스프링클러 시스템

1. 스프링클러의 구성 요소 및 동작 원리

- 스프링클러 시스템은 일정 온도 이상 상승 시 자동으로 작동하는 자동 소화설비로, 화재 발생 시 신속하게 화재를 진압할 수 있도록 설계된 장치이다.
- 스프링클러 시스템은 화재 발생 시 온도 상승을 감지한 헤드가 개방되면서 물이 분사되어 화재를 진압하는 방식으로 동작한다.
- 일정 면적당 설치되는 헤드의 개수 및 배관망의 설계 기준은 건축물의 용도와 구조에 따라 다르게 적용된다.
- 주요 구성 요소는 표 6.4와 같다.

표 6.4 스프링클러 시스템의 주요 구성 요소

구성 요소	설명
스프링클러 헤드	일정 온도에 도달하면 자동으로 개방되어 물을 분사하는 장치
배관 시스템	소화수를 공급하여 헤드에 전달하는 배관망
감지 장치	온도를 감지하여 스프링클러 작동을 개시하는 장치
소방펌프	소화수를 일정 압력으로 공급하는 펌프
제어반	스프링클러 시스템을 감시 및 조작하는 장치

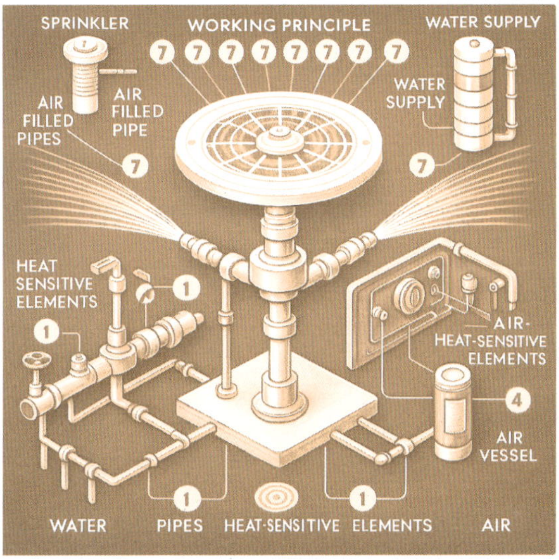

그림 6.3 스프링클러 시스템의 동작 원리

2. 건물 구조별 적용 기준(주거용, 상업용, 산업용)

- 스프링클러 설치 기준은 건축물의 규모, 용도, 화재 위험도에 따라 차이가 있다.
- 주요 건축물 유형별 적용 기준은 표 6.5와 같다.

표 6.5 건축물 구조별 스프링클러 적용 기준

건축물 유형	설치 기준
공동주택(30층 이상)	모든 층에 설치 의무
대형 상업 시설(연면적 5,000m² 이상)	필수적으로 스프링클러 설치
지하철역 및 터널	화재 발생 위험이 큰 구역에 설치
공장 및 창고	화재 하중이 높은 경우 전체 구역 설치

- 일반적으로 화재 위험성이 높은 공간에서는 밀도 높은 설치 기준이 적용된다.

3. 스프링클러 설치 및 유지보수 기준

- 스프링클러 시스템은 법적으로 정기적인 점검과 유지보수가 필수적으로 요구된다.
- 주요 점검 및 유지보수 기준은 표 6.6과 같다.

표 6.6 스프링클러 시스템 점검 및 유지보수 기준

점검 항목	점검 주기	주요 점검 사항
스프링클러 헤드	연 1회	작동 여부 및 막힘 여부 확인
배관 및 밸브	연 1회	배관 부식 및 밸브 개폐 상태 점검
소방펌프	월 1회	수압 유지 여부 및 정상 작동 확인

2.2 물분무소화설비

1. 미세한 물 입자를 활용한 화재 진압 원리

- 물분무소화설비는 고압 또는 저압으로 물을 미세한 입자로 분무하여 화재를 진압하는 방식이다.

그림 6.4 **물분무소화설비의 화재 진압 원리**

- 주요 소화 메커니즘은 다음과 같다.
  - **냉각 효과**: 미세한 물 입자가 증발하면서 열을 흡수하여 온도를 낮춘다.
  - **산소 차단**: 물 입자가 연소 구역을 둘러싸면서 산소 공급을 차단한다.

- **불활성화 효과**: 일부 시스템은 특정 화학 성분을 포함하여 연소반응을 억제한다.

2. 고압 및 저압 물 분무 시스템의 차이점

- 물분무소화설비는 적용 환경에 따라 고압형과 저압형으로 구분된다.
- 고압 시스템은 전자기기 보호가 중요한 환경에서 활용되며, 저압 시스템은 건축물 내부 화재 진압용으로 주로 사용된다.

표 6.7 고압 및 저압 물 분무 시스템 비교

구분	고압 시스템	저압 시스템
분사 압력	50bar 이상	10~50bar
입자 크기	10~200μm	200μm 이상
적용 대상	전산실, 변전소, 화학 공장	일반 건축물, 주차장

3. 주요 적용 사례(전산실, 변전소, 위험물 저장소 등)

- 물분무소화설비는 다양한 환경에서 적용된다.
  - **전산실 및 서버룸**: 화재 발생 시 물 사용이 제한되므로 물 분무 방식을 적용하여 장비 손상을 최소화함.
  - **변전소 및 전력 시설**: 전기 화재의 위험성이 높은 장소에 효과적으로 사용됨.
  - **위험물 저장소**: 유류 및 가연성 물질을 취급하는 장소에서 화재 확산을 방지하기 위해 적용됨

2.3 자동 소화설비의 신기술 적용

1. 친환경 소화 기술(미세 분무, 에어로졸 소화 시스템)

- 기존 화재 진압 방식은 화재를 효과적으로 억제하지만, 환경에 영향을 미치는 경우가 많다.
- 최근 개발된 친환경 소화 기술은 오존층 보호와 환경 오염 방지를 목표로 한다.
  - **미세 분무 시스템**: 기존 스프링클러보다 적은 물을 사용하면서도 강력한 냉각 효과 제공
  - **에어로졸 소화 시스템**: 화학적 반응을 활용하여 화재를 신속하게 억제하는 방식

그림 6.5 친환경 소화 시스템의 개념도

2. AI 및 IoT 기반 스마트 소화 시스템

- 4차 산업혁명 기술을 활용한 소화 시스템이 등장하면서 AI 및 IoT를 기반으로 한 자동 소화 시스템이 적용되고 있다.
- 주요 기능은 다음과 같다.
  - **AI 기반 화재 예측**: 센서를 활용하여 화재 발생 가능성을 사전에 감지하고 경고
  - **IoT 연계 소방 시스템**: 원격 모니터링을 통해 실시간 감시 및 소방시설 유지보수 가능
  - **자동 진압 알고리즘**: 화재 발생 시 적절한 소화약제를 자동으로 분사

표 6.8 AI 및 IoT 기반 스마트 소화 시스템 비교

기술	설명
AI 화재 감지	연기 및 온도 변화를 분석하여 화재를 조기에 예측
IoT 소방 모니터링	원격으로 소방시설을 감시하고 이상 발생 시 경보 발령
자동 소화 알고리즘	화재 유형에 따라 적절한 소화 방식을 자동으로 선택

3 경보설비 및 피난설비

3.1 경보설비의 개념과 역할

1. 화재 감지 및 경보 시스템(연기 감지기, 열 감지기)

- 화재 감지 및 경보 시스템은 화재를 조기에 감지하고 신속한 경보를 통해 대피 및 초기 대응을 유도하는 설비이다.
- 감지 방식에 따라 연기 감지기와 열 감지기로 구분된다.

표 6.9 화재감지기의 종류 및 특징

구분	작동 원리	주요 용도
연기 감지기	연기 입자의 농도를 감지하여 경보를 발령	실내 공간, 사무실, 주택
열 감지기	온도 상승을 감지하여 일정 온도 이상에서 경보 발령	주방, 기계실, 화학 공장

- 연기 감지기는 광전식 감지기와 이온화 감지기로 나뉘며, 연소 과정에서 발생하는 연기를 감지하여 경보를 울린다.
- 열 감지기는 정온식과 보상식 감지기로 구분되며, 온도 상승이 급격한 환경에서 효과적으로 작동한다.

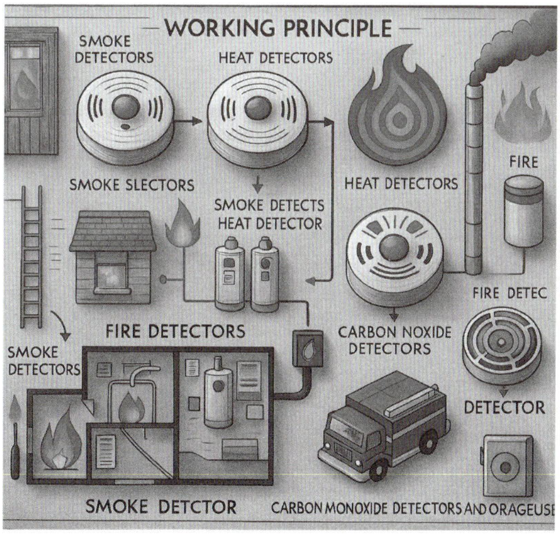

그림 6.6 화재감지기의 작동 원리

2. 자동화 경보 시스템 및 비상 방송설비

- 자동화 경보 시스템은 화재 감지와 동시에 자동으로 화재 경보를 발령하는

시스템이다.

- 주요 구성 요소는 다음과 같다.
  - **자동화재탐지설비**: 감지기가 화재를 인식하면 즉시 경보를 울림
  - **비상 방송설비**: 화재 발생 시 대피 경로 및 안전 지침을 음성 안내
  - **화재 수신기**: 경보 신호를 수신하고 관련 기관(소방서)에 자동으로 전송

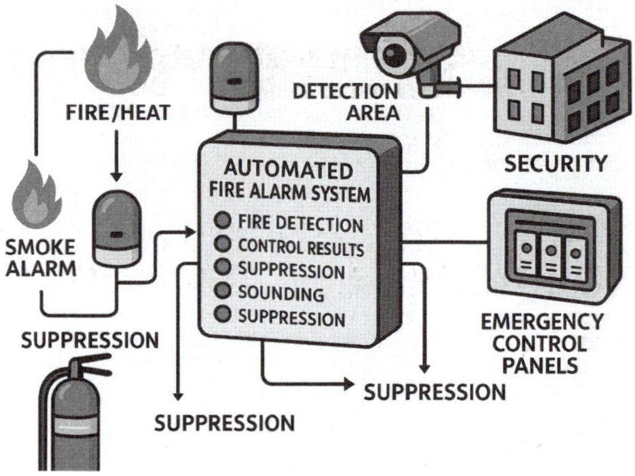

그림 6.7 **자동화 경보 시스템의 작동 흐름**

3. 화재 발생 시 신속한 대피 유도를 위한 시스템

- 경보설비는 화재 발생 시 신속한 대피를 유도하여 인명 피해를 최소화하는 역할을 한다.
- 주요 기능은 다음과 같다.
  - **층별 경보 시스템**: 특정 층에서만 경보를 울려 혼란을 방지
  - **연기 감지 기반 대피 유도**: 연기의 이동 경로를 분석하여 안전한 탈출 경로 안내
  - **긴급 대피 방송**: 화재 발생 시 피난 방향 및 안전 지침을 안내하는 시스템

3.2 피난설비의 종류와 기능

1. 비상구 및 대피 경로 계획

- 비상구 및 대피 경로는 화재 발생 시 신속한 탈출이 가능하도록 설계된 구조물이다.

- 주요 기준은 다음과 같다.
  - 비상구는 최소 2개 이상 확보해야 함
  - 대피 경로는 장애물이 없고 쉽게 접근할 수 있어야 함
  - 대규모 시설에는 피난계단 및 별도의 대피구 설치가 필수적임

표 6.10 건축물 유형별 비상구 설치 기준

건축물 유형	비상구 개수	비상구 규격
일반 건축물	최소 2개	폭 1.2m 이상
대형 상업 시설	층당 2개 이상	폭 1.5m 이상
고층 건축물(30층 이상)	층별 2개 이상	피난층 연결 필수

그림 6.8 **대형 건축물의 대피 경로 구성**

2. 피난 유도등 및 유도 표지 시스템

- 피난 유도등과 유도 표지는 대피 경로를 명확히 안내하고 피난 방향을 시각적으로 제공하는 설비이다.
- 주요 구성 요소는 다음과 같다.
  - **비상구 유도등**: 비상구 위치를 표시
  - **피난 방향 유도등**: 대피 방향을 화살표로 안내
  - **바닥 유도선**: 저시야 환경에서도 대피 방향을 확인 가능

표 6.11 피난 유도등 및 유도 표지의 종류

구분	설명	설치 위치
비상구 유도등	비상구 위치 표시	비상구 상부
피난 방향 유도등	대피 방향을 화살표로 안내	벽면 및 천장

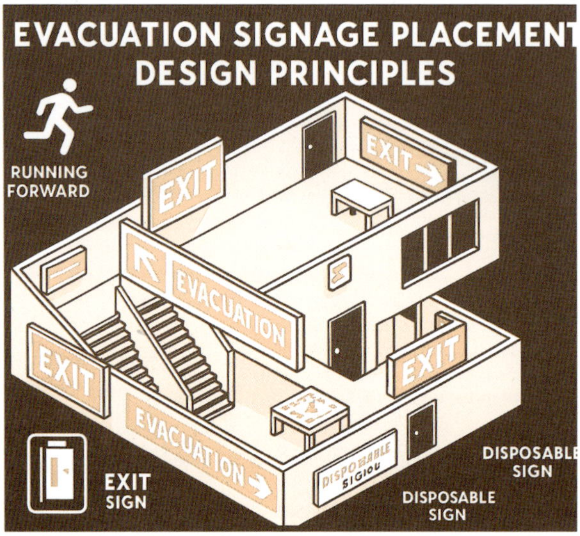

그림 6.9 피난 유도등 및 유도 표지의 배치 방식

3. 비상 대피용 사다리 및 대피구

- 비상 대피용 사다리와 대피구는 비상 상황에서 건물 외부로 신속하게 대피할 수 있도록 설계된 설비이다.
- 주요 유형은 다음과 같다.
  - **접이식 대피 사다리**: 창문이나 발코니에 설치되어 필요시 펼쳐서 사용
  - **대피용 슬라이드**: 높은 층에서 빠르게 탈출할 수 있는 시스템
  - **비상 피난구**: 건물 내부에서 외부로 연결되는 비상 출입구

3.3 스마트 피난 시스템 적용 사례

1. 화재 시 실시간 대피 안내 시스템

- 기존의 피난 시스템은 정적인 구조이지만, 스마트 피난 시스템은 실시간으로 화재 상황을 분석하고 최적의 대피 경로를 제공한다.

- 주요 기능은 다음과 같다.
  - 연기 및 온도 센서 기반 실시간 분석
  - AI 알고리즘을 활용한 최적 대피 경로 안내
  - 디지털 표지판 및 스마트폰 알림을 통한 대피 유도

표 6.12 스마트 피난 시스템의 주요 기능

기능	설명
실시간 연기 감지	연기 확산 방향을 분석하여 피난 경로 조정
AI 대피 경로 분석	최적의 탈출 경로를 실시간으로 제공
스마트폰 알림 연계	개별 대피 지침을 사용자에게 직접 제공

2. 대피 경로 최적화를 위한 AI 기반 피난설비

- AI 기반 피난설비는 건물 내 피난 상황을 실시간으로 분석하여 최적의 대피 전략을 제공하는 시스템이다.
- 주요 기술은 다음과 같다.
  - **실시간 대피 시뮬레이션**: 화재 확산 속도 및 대피 인원을 고려하여 대피 경로 자동 조정
  - **스마트 피난 경로 안내**: AI가 혼잡도를 분석하여 최적 경로를 제공
  - **IoT 센서를 활용한 비상구 개방 관리**: 대피 상황에서 비상구 개방 상태를 실시간 확인

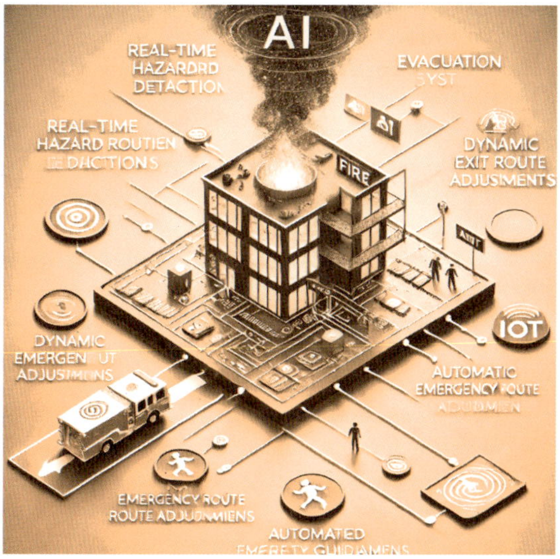

그림 6.10 AI 기반 피난 시스템 개념도

4 소화 활동 설비

4.1 옥내외 소화전 시스템

1. 옥내소화전과 옥외 소화전의 차이 및 설치 기준

- 소화전 시스템은 화재 발생 시 신속한 소화수를 공급하여 초기 진압을 가능하게 하는 설비이다.
- 설치 장소에 따라 옥내소화전과 옥외 소화전으로 구분된다.

표 6.13 옥내소화전과 옥외 소화전의 차이점

구분	옥내소화전	옥외 소화전
설치 위치	건물 내부 (계단실, 복도 등)	건물 외부 (도로변, 공장 부지 등)
사용 대상	건물 내부 화재 진압	대형 화재 및 외부 화재 대응
소화수 공급	건물 내부 배관망 이용	상수도 및 저수조 활용
설치 기준	연면적 5,000m^2 이상 건물 필수 설치	주요 도로 및 산업시설 필수 설치

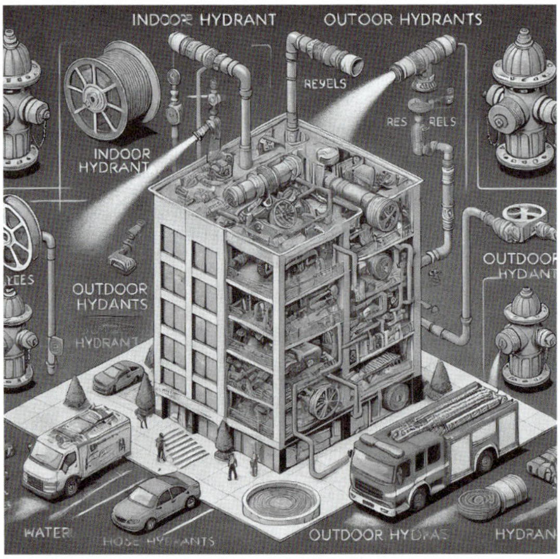

그림 6.11 **옥내외 소화전 시스템 개념도**

2. 소화전 사용 방법 및 화재 진압 효과

- 소화전은 화재 진압 시 소방호스를 연결하여 고압의 물을 방출하는 방식으로 작동한다.
- 주요 사용 절차는 다음과 같다.

- ▫ 소화전 개방: 소화전 문을 열고 호스를 꺼낸다.
- ▫ 호스 연결: 소화전 밸브에 호스를 연결한다.
- ▫ 밸브 개방: 물이 나오도록 밸브를 천천히 연다.
- ▫ 화재 진압: 불길을 향해 물을 분사하며 진압한다.

• 소화전의 효과
- ▫ 초기 화재 시 강력한 수압을 이용하여 신속한 진압이 가능
- ▫ 화재 확산 방지를 위해 다량의 소화수를 지속해서 공급 가능
- ▫ 옥외 소화전은 소방차와 연결하여 대형 화재에도 대응 가능

그림 6.12 **소화전 사용 절차**

3. 소화전 관리 및 유지보수 기준

• 소화전은 화재 발생 시 즉각적인 사용이 가능하도록 정기적으로 점검해야 한다.
• 주요 점검 사항은 표 6.14와 같다.

표 6.14 소화전 관리 및 유지보수 기준

점검 항목	점검 주기	점검 내용
소화전 밸브	월 1회	밸브 개폐 상태 확인
호스 및 노즐	연 1회	노즐 막힘 여부 및 호스 손상 점검
수압 및 유량	반기별 1회	정상 작동 여부 및 수압 확인

4.2 방수구 및 연결송수관 시스템

1. 방수구의 구조와 기능

- 방수구는 소방호스를 연결하여 강력한 수압으로 물을 방출하는 장치이다.
- 주요 기능은 다음과 같다.
  - ▫ 소방관이 신속하게 화재를 진압할 수 있도록 물을 공급
  - ▫ 고층 건물 및 대형 시설에서도 효과적인 소화 작업이 가능
  - ▫ 소방펌프와 연계하여 일정한 수압을 유지

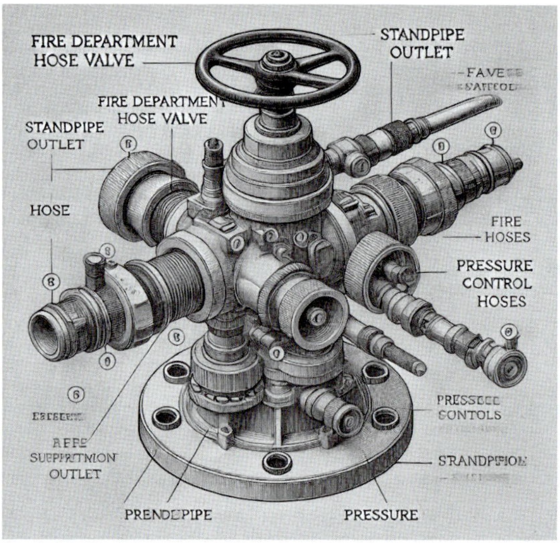

그림 6.13 **방수구의 구조와 기능**

2. 고층 건물에서의 연결송수관 활용

- 연결송수관은 고층 건물 내에서 소방용수를 효과적으로 공급하기 위한 설비이다.
- 화재 발생 시 소방관이 고층에서도 직접 물을 사용할 수 있도록 지원하는 역할을 한다.
- 주요 활용 방식은 다음과 같다.
  - ▫ 층마다 소화전과 연결하여 고층 화재 진압에 활용
  - ▫ 고압 펌프를 통해 일정한 수압을 유지하여 원활한 소화수 공급
  - ▫ 소방차와 연결하여 대량의 소화수를 공급 가능

표 6.15 고층 건물에서의 연결송수관 활용 사례

건축물 유형	설치 기준	주요 역할
30층 이상 고층 건물	층별 방수구 설치 필수	고층 화재 시 소방관의 신속한 대응 가능
대형 복합시설	옥내외 소화전과 연계	대형 화재 발생 시 안정적인 소화수 공급
지하철 및 터널	고압 펌프와 연결	밀폐 공간 내 화재 진압 지원

3. 화재 발생 시 소방 활동을 위한 필수 설비

- 소방 활동을 지원하는 주요 설비는 다음과 같다.
  - □ **송수구**: 소방차에서 건물 내부로 소화수를 공급하는 장치
  - □ **방수총**: 강력한 수압으로 물을 분사하는 장치
  - □ **소방용 펌프**: 일정한 수압을 유지하여 안정적인 소화수 공급

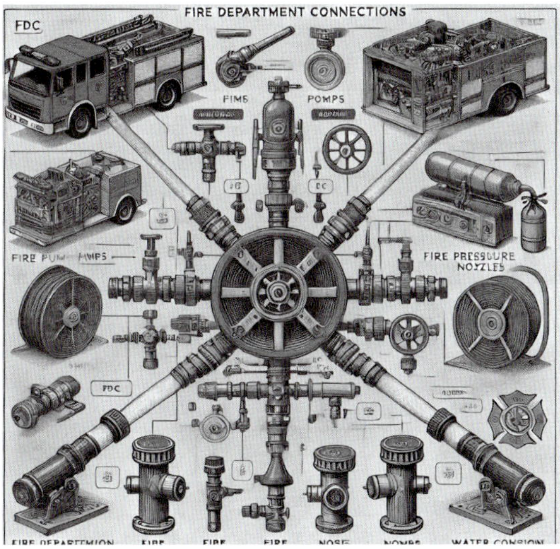

그림 6.14 소방 활동을 위한 필수 설비

4.3 소화 활동 설비의 유지 및 관리 기준

1. 점검 및 정기적 관리 기준

- 소화 활동 설비는 화재 발생 시 즉각적인 사용이 가능하도록 정기적으로 점검 및 관리해야 한다.
- 주요 점검 사항은 표 6.16과 같다.

표 6.16 소화활동설비의 점검 기준

점검 항목	점검 주기	점검 내용
소화전 및 방수구	연 1회	정상 작동 여부 및 수압 점검
연결송수관	연 1회	누수 여부 및 연결 상태 확인
소방펌프	월 1회	정상 작동 여부 점검

2. 소방관과의 협업을 통한 대응 체계 구축

- 소화 활동 설비는 소방관과 협업하여 효과적인 대응 체계를 구축하는 것이 중요하다.
- 주요 협업 요소는 다음과 같다.
  - **소방 훈련**: 실제 화재 발생 시 신속한 대응을 위한 정기 훈련 실시
  - **소방서와의 협력 체계 구축**: 소방시설 점검 및 유지보수에 대한 정보 공유
  - **대형 재난 대응 시스템 운영**: 화재 발생 시 자동으로 소방서에 통보하는 시스템 도입

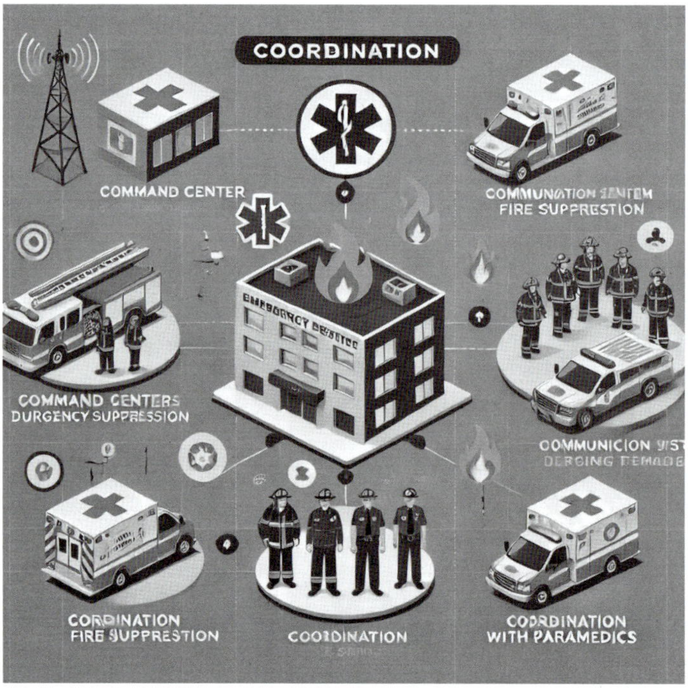

그림 6.15 소방관과의 협업을 통한 대응 체계

5 소방시설 유지·관리 및 점검 기준

5.1 소방시설 점검의 필요성 및 법적 기준

1. 소방시설 정기 점검 규정 및 대상

- 소방시설 점검은 화재 예방 및 시설의 정상 작동을 보장하기 위해 필수적인 절차이다.
- 주요 점검 대상은 건축물, 산업시설, 대형 공공시설 등으로 법적 기준에 따라 점검이 수행된다.
- 소방시설법에 따라 연 1회 이상 정기 점검을 하며, 일정 규모 이상의 건물은 반기별 점검을 필수적으로 수행해야 한다.

표 6.17 소방시설 정기 점검 대상 및 규정

시설 유형	점검 주기	관련 법규
공동주택 (30층 이상)	반기별 1회	소방시설법
대형 상업 시설 (연면적 5,000m^2 이상)	연 1회	소방시설법
병원 및 요양시설	반기별 1회	건축법 및 소방시설법
공장 및 물류창고	연 1회	산업안전보건법

2. 자율 점검과 법적 의무 점검 구분

- 소방시설 점검은 자율 점검과 법적 의무 점검으로 구분된다.
  - **자율 점검**: 건물관리자 또는 소방 안전관리자가 자체적으로 시행하는 점검
  - **법적 의무 점검**: 소방시설 점검 전문업체가 수행하며, 점검 결과를 소방서에 보고해야 함

표 6.18 자율 점검과 법적 의무 점검 비교

구분	점검 주체	점검 주기	보고 의무
자율 점검	건물관리자, 소방 안전관리자	월 1회 이상	없음
법적 점검	소방시설 점검 전문업체	연 1회 이상	소방서 보고 필수

3. 주요 점검 항목 및 점검 절차

- 소방시설 점검 시 주요 점검 항목과 절차는 표 6.19와 같다.

표 6.19 소방시설 주요 점검 항목 및 절차

점검 항목	점검 내용	점검 주기
소화전 및 스프링클러	수압 및 밸브 개폐 상태 점검	연 1회
감지기 및 경보설비	감지기 작동 여부 및 배선 점검	연 1회
피난설비 (비상구, 유도등)	대피 경로 확보 여부 및 유도등 점검	월 1회

- 점검 결과에 따라 이상이 발견되면 즉시 보수 및 유지 관리 조처를 해야 한다.

5.2 소방시설 유지보수 및 성능 개선

1. 노후화된 소방시설 교체 기준

- 소방시설은 장기간 사용 시 성능 저하 및 오작동 가능성이 높아지므로 일정 주기에 따라 교체가 필요하다.
- 주요 교체 기준은 표 6.20과 같다.

표 6.20 소방시설 교체 기준

설비 유형	교체 주기	교체 기준
소화전 및 배관	10년	배관 부식 및 수압 저하 발생 시
경보 및 감지기	5~7년	감지 오작동 발생 시
소방펌프	15년	성능 저하 및 소음 발생 시

- 교체 시 최신 기술이 적용된 신형 소방설비로 업그레이드하는 것이 중요하다.

2. 최신 소방 기술 적용을 위한 성능 개선 방안

- 기존 소방시설의 성능 개선을 위해 최신 소방 기술을 적용하는 방법이 연구되고 있다.
- 주요 성능 개선 방안은 다음과 같다.
  - □ **자동화 소방 시스템**: AI 및 IoT를 활용하여 실시간 감지 및 자동 진압
  - □ **고효율 소화약제 적용**: 친환경 및 플루오린-free 소화약제 도입
  - □ **스마트 경보 시스템 구축**: 화재 감지 후 즉각적인 대피 유도

3. 소방시설 점검 결과 활용 및 대응 조치

- 점검 결과는 소방서 및 관련 기관과 공유하여 화재 예방 및 대응 시스템을 강화하는 데 활용된다.
- 점검 결과에 따른 조치 사항은 다음과 같다.
  - □ 이상 발생 시 즉각적인 유지보수 수행
  - □ 소방 훈련 및 대피 훈련을 통한 대응 역량 강화
  - □ 점검 데이터를 활용한 화재 위험 분석 및 예방 조치

그림 6.16 **소방시설 점검 결과 활용 흐름도**

5.3 소방시설의 스마트 관리 시스템

1. IoT 기반 원격 모니터링 시스템

- IoT(사물인터넷)를 활용한 소방시설 관리 시스템은 실시간 모니터링을 통해 화재 예방 및 조기 대응을 가능하게 한다.
- 주요 기능은 다음과 같다.
  - □ **실시간 화재 감지**: 온도 및 연기 센서를 활용한 조기 경보
  - □ **원격 점검 및 자동 보고**: 소방시설 이상 여부를 자동으로 감지하여 관리자에게 알림
  - □ **실시간 데이터 분석**: 점검 이력 및 유지보수 내역을 자동 기록

표 6.21 IoT 기반 소방시설 모니터링 시스템 주요 기능

기능	설명
실시간 화재 감지	온도 및 연기 센서를 활용한 조기 감지
자동 점검 및 보고	시설 이상 발생 시 즉각 관리자 알림
데이터 저장 및 분석	점검 결과를 자동으로 기록 및 분석

2. 실시간 데이터 수집 및 유지보수 자동화 기술

- 소방시설의 유지보수 자동화 기술은 실시간 데이터 수집을 기반으로 한 예측 유지보수 시스템을 포함한다.
- 주요 기술은 다음과 같다.
  - **실시간 센서 데이터 분석**: 화재 가능성을 예측하여 사전 대응
  - **소방시설 이상 감지 및 자동 경보**: 비정상적인 데이터 발생 시 즉각적인 조치
  - **자동 점검 및 유지보수 일정 관리**: 소방시설 유지보수 주기 자동 설정

3. AI 기반 소방시설 점검 및 예방 기술

- AI 기반 소방시설 점검 기술은 화재 발생 가능성을 예측하고, 자동으로 이상을 감지하는 시스템이다.

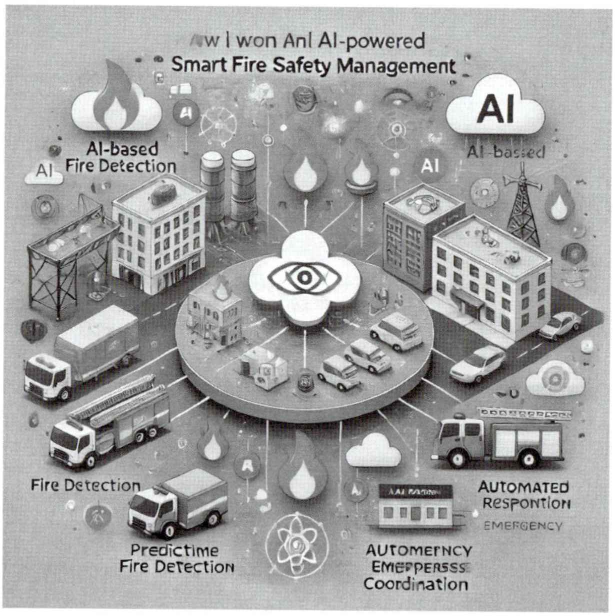

그림 6.17 AI 기반 스마트 소방시설 관리 개념도

- 주요 기술 적용 사례는 다음과 같다.
  - **AI 기반 화재 예측 모델**: 기상 데이터, 온도 변화 등을 분석하여 위험 예측
  - **스마트 소방 로봇 및 드론**: 원격 감지 및 화재 현장 데이터 수집
  - **빅데이터 분석을 통한 예방 조치**: 소방시설 고장 패턴을 분석하여 사전 조치 수행

▣ 참고문헌

- 소방청, 소방시설 설치·유지 및 안전관리에 관한 법률, 국가법령정보센터, 2023.
- 소방청, 화재 예방, 소방시설 설치·유지 및 안전관리에 관한 법률 시행령 및 시행규칙, 2023.
- 행정안전부, 위험물안전관리법, 국가법령정보센터, 2023.
- 행정안전부, 재난 및 안전관리 기본법, 2023.
- 국토교통부, 건축법 및 건축물의 피난·방화구조 등의 기준에 관한 규칙, 2023.
- National Fire Protection Association (NFPA), NFPA 13: Standard for the Installation of Sprinkler Systems, 2022.
- National Fire Protection Association (NFPA), NFPA 72: National Fire Alarm and Signaling Code, 2022.
- International Organization for Standardization (ISO), ISO 7240-1: Fire detection and alarm systems, 2021.
- British Standards Institution (BSI), BS 9999: Fire safety in the design, management and use of buildings, 2020.
- European Union (EU), Eurocode 1: Actions on Structures - Fire Actions, 2021.
- 한국소방안전원, 화재공학 개론, 한국소방안전원 출판부, 2021.
- 소방방재청, 소방학개론, 소방방재청 교육자료, 2022.
- SFPE (Society of Fire Protection Engineers), Fire Protection Engineering Handbook, SFPE 출판부, 2020.
- Lon H. Ferguson, Fundamentals of Fire Protection for the Safety Professional, CRC Press, 2019.
- R. Craig Schroll, Industrial Fire Protection Handbook, CRC Press, 2020.

Chapter 07

위험물 및 특수가연물

학습 목표

- 위험물의 개념과 법적 정의를 이해하고, 관련 법령과 규정을 설명할 수 있다.
- 「위험물안전관리법」에 따른 위험물의 6대 분류와 주요 성질을 분석할 수 있다.
- 특수가연물의 개념과 화재 위험성을 파악하고, 위험물과의 차이점을 설명할 수 있다.
- 위험물의 저장 및 취급 기준을 이해하고, 주요 관리 규정을 숙지할 수 있다.
- 위험물 시설의 안전관리 원칙과 사고 예방 조치를 분석하고, 실무 적용 방안을 설명할 수 있다.

1 위험물의 종류 및 성질

1.1 위험물의 개념 및 정의

1. 위험물의 법적 정의

1) 위험물의 개념

- 위험물은 화재, 폭발 및 유해 화학 반응을 유발할 수 있는 물질로, 연소성이 강하고 저장 및 취급 시 각별한 주의가 필요함
- 「위험물안전관리법」에서 정의하는 위험물은 특정한 분류 기준에 따라 관리되며, 국가에서 법적으로 취급 기준을 엄격하게 규정하고 있음
- 화학공장, 연료 저장시설, 운송 및 유통 과정에서 광범위하게 사용되며, 올바른 취급 및 관리가 이루어지지 않으면 대형 화재 및 폭발 사고로 이어질 수 있음

2) 위험물 관련 법규 및 관리 체계

- **국내 법규**: 「위험물안전관리법」을 통해 위험물의 분류, 저장 기준, 취급 방법을 규정
- **국제 기준**: UN의 GHS(Globally Harmonized System) 및 NFPA(National Fire Protection Association)에서 위험물 분류 및 안전 기준을 제시
- **관리 체계**:
  - ▫ 중앙 정부(소방청, 환경부 등)가 위험물 관리 감독

▫ 지방자치단체 및 소방서가 시설의 점검 및 감독을 담당

▫ 사업장은 자체적으로 위험물 관리 책임자를 지정하여 운영

그림 7.1 위험물의 법적 정의 및 관련 법규 체계

2. 위험물의 물리·화학적 특성

표 7.1 위험물의 주요 물리·화학적 특성

위험물 분류	끓는점 (℃)	인화점 (℃)	폭발 하한계 (%)	폭발 상한계 (%)	주요 위험성
가연성 가스	-	-	1.0	15.0	공기 중 혼합 시 폭발 위험
인화성 액체	30~150	-20~50	0.6	12.0	증발하여 가연성 증기 형성
산화제	-	-	-	-	강력한 산화 작용으로 발화 촉진
자연발화성 물질	-	-	-	-	공기 접촉 시 자연 발화 가능
폭발성 물질	-	-	0.2	70.0	충격 및 열에 의해 폭발 가능

1) 위험물의 주요 물리적 특성

- **인화점(Flash Point)**: 일정 온도 이상에서 인화성 증기를 방출하여 착화가 가능한 온도

- **발화점(Ignition Temperature)**: 외부 점화원 없이 자체적으로 발화할 수 있는 온도
- **연소 범위(Flammability Range)**: 가연성 기체 또는 증기가 공기 중에서 연소할 수 있는 농도 범위
- **비등점(Boiling Point)**: 액체가 기체로 변하는 온도로, 물질의 휘발성 및 가연성과 밀접한 관계가 있음
- **비중(Specific Gravity)**: 물질의 밀도를 기준 물질(보통 물)과 비교한 값으로, 보관 및 운송 안전 기준 설정에 활용됨

2) 위험물의 주요 화학적 특성

- **산화성(Oxidizing Property)**: 산소를 방출하거나 산화 반응을 촉진하여 화재를 유발하는 성질
- **자연 발화성(Pyrophoricity)**: 공기 중에서 자동으로 산화되어 스스로 발화하는 성질
- **폭발성(Explosiveness)**: 특정 조건(온도, 압력, 충격)에서 급격한 화학 반응을 일으켜 에너지를 방출하는 성질
- **부식성(Corrosiveness)**: 금속, 조직 또는 기타 물질을 부식시키는 성질로, 저장 용기 및 배관 손상을 유발할 수 있음
- **독성(Toxicity)**: 유해 가스나 유독 물질을 방출하여 인체 및 환경에 영향을 미칠 수 있는 특성

1.2 위험물의 분류 및 주요 특성

1. 위험물의 법적 분류

1) 위험물의 분류 기준

- 「위험물안전관리법」에 따라 위험물은 화학적 특성에 따라 6가지 유형으로 분류됨
- 연소성, 산화성, 반응성 등의 특성에 따라 관리 기준이 다름
- 각 위험물의 분류에 따라 저장 방법과 취급 방식이 달라짐

2) 위험물의 주요 분류 및 특징

(1) 제1류: 산화성 고체

- **대표 물질**: 염소산염, 질산염, 과망가니즈산칼륨 등

- **특징**: 산소를 방출하여 화재 및 폭발을 촉진
- **저장 기준**: 산화성 물질과의 혼합 저장 금지

(2) 제2류: 가연성 고체

- **대표 물질**: 황, 적린, 마그네슘 분말 등
- **특징**: 공기 중에서 쉽게 착화되며, 산화제와 반응 시 폭발 가능
- **저장 기준**: 발화원과의 거리 유지, 방습 시설 설치

(3) 제3류: 자연 발화성 및 금수성 물질

- **대표 물질**: 황린, 알킬알루미늄, 나트륨 등
- **특징**: 공기 중에서 자동 발화하거나, 물과 접촉 시 폭발성 반응 발생
- **저장 기준**: 밀폐 용기 사용 및 건조한 장소에 보관

(4) 제4류: 인화성 액체

- **대표 물질**: 휘발유, 등유, 경유, 알코올류 등
- **특징**: 낮은 인화점으로 인해 증기가 착화되기 쉬움
- **저장 기준**: 환기 시설 확보, 화기 근처 저장 금지

(5) 제5류: 자기반응성 물질

- **대표 물질**: 유기과산화물, 니트로화합물 등
- **특징**: 충격, 마찰, 가열에 의해 폭발 가능성이 높음
- **저장 기준**: 내압 용기 사용 및 격리 저장

(6) 제6류: 산화성 액체

- **대표 물질**: 과염소산, 과산화수소 등
- **특징**: 산화 반응이 강하며, 다른 물질과 혼합 시 강한 연소반응 발생
- **저장 기준**: 밀폐 보관 및 가연성 물질과의 접촉 금지

표 7.2 위험물 분류 및 주요 특성

분류	위험물 유형	주요 특성
제1류	산화성 고체	열이나 충격으로 산소 방출, 연소 촉진
제2류	가연성 고체	마찰이나 열에 의해 발화 가능
제3류	자연 발화성 및 금수성 물질	공기 또는 물과 접촉 시 반응하여 발화 가능
제4류	인화성 액체	증발 후 공기와 혼합 시 인화 또는 폭발 가능
제5류	자기반응성 물질	충격, 열에 의해 급격히 분해 또는 폭발 가능
제6류	산화성 액체	산소를 방출하여 연소를 촉진

2. 위험물의 성질 및 화재 위험성

1) 산화성 물질의 화재 위험성

- 산소를 방출하여 연소를 촉진하는 성질이 있음
- 자체적으로 연소하지 않더라도, 다른 물질과 혼합 시 화재 및 폭발 발생 가능

  예) 질산칼륨(KNO_3), 과산화칼륨(K_2O_2) 등

2) 자연발화성 물질의 화재 위험성

- 공기 중에서 산화 반응을 통해 자연적으로 발화 가능
- 물과 반응 시 높은 열을 방출하여 화재를 유발할 수 있음

  예) 황린(P_4), 나트륨(Na), 칼슘(Ca) 등

3) 인화성 액체의 화재 위험성

- 증발하면서 가연성 증기를 형성하여 착화 가능성이 높음
- 인화점이 낮아 낮은 온도에서도 착화될 위험이 있음

  예) 아세톤(CH_3COCH_3), 톨루엔($C_6H_5CH_3$) 등

4) 폭발성 물질의 위험성

- 충격, 열, 압력 등의 외부 요인에 의해 급격한 화학 반응이 일어날 수 있음
- 위험물 저장 및 운반 시 특수 용기 사용이 필요함

  예) 질산에스터, 아자이드 화합물 등

그림 7.2 위험물의 주요 분류별 연소 및 폭발 특성

3. 위험물의 연소 특성과 화재 시 대책

1) 연소 특성에 따른 위험도 분석

- **인화점과 발화점**: 인화점이 낮을수록 쉽게 화재 발생 가능
- **연소 범위(LFL~UFL)**: 가연성 가스 및 증기의 농도 범위가 넓을수록 화재 가능성이 높음
- **산소 농도**: 산소 농도가 높은 환경에서는 화재 및 폭발 위험이 증가

2) 화재 발생 시 대책

- **소화 방법 선택**: 물 소화 금지(금수성 물질), 포소화약제 적용(유류 화재) 등
- **격리 및 차단**: 위험물 간의 반응을 차단하고 격리 보관 실시
- **긴급 대피 및 환기**: 유해 가스 발생 시 즉각적인 대피 및 공기 순환 조치 시행

표 7.3 위험물 연소 특성 및 소화 방법 비교

위험물 유형	연소 특성	소화 방법
가연성 가스	공기와 혼합 시 폭발 위험	불활성 가스로 질식소화
인화성 액체	증발하여 인화 위험	포소화약제 및 냉각소화
산화제	강력한 산화 작용	물과의 접촉 피하며 특수 소화제 사용
자연발화성 물질	공기 접촉 시 자연 발화	건조한 환경에서 격리 소화
폭발성 물질	충격 및 열에 의해 폭발	충격 방지 및 원거리에서 소화

2 위험물 저장 및 취급 기준

2.1 위험물 저장 및 보관 기준

1. 법적 기준 및 관리 체계

1) 위험물안전관리법: 위험물 저장·운반·취급 기준을 명확하게 규정하고 있으며, 시설별로 요구되는 안전 조치를 상세히 기술

2) 소방법: 화재 발생 방지를 위한 위험물의 안전한 관리 및 보관 기준을 포함

3) 산업안전보건법: 위험물 작업장에서 근로자의 안전 보호를 위해 안전 기준을 설정

4) 국제 규정:

- **NFPA(미국 방화협회)**: 위험물 저장·취급 기준 제공
- **UNRTDG(국제연합 위험물 운송 규정)**: 운송 시 안전 기준 마련
- **ISO(국제표준화기구) 안전 규정**: 위험물 저장소 및 취급 시스템의 표준화된 절차 제공

2. 위험물 저장소의 유형 및 주요 기준

표 7.4 위험물 저장소 유형 및 주요 기준

저장소 유형	저장 가능 물질	설치 기준	관리 기준
일반 저장소	가연성 액체, 기체, 고체	방폭 설비 및 통풍 시설 필수	정기 점검 및 온도·습도 유지
옥외 저장소	가연성 액체 및 기체	개방형 구조 및 방화벽 설치	옥외 배수 시스템 확보
이동식 저장소	소량의 위험물 (이동 가능)	이동 시 충격 방지 및 밀폐	운반 시 누출 방지 조치 필수
특수 저장소	고위험 물질 (폭발성 포함)	특수 내화재 사용 및 격리 구역 운영	이중 보안 시스템 및 감시 카메라 운영

1) 고정식 저장소

- 대형 산업시설, 정유공장, 화학공장에서 주로 사용
- 방폭 구조 및 누출 방지 설비가 필수

2) 이동식 저장소

- 위험물 수송을 위해 제작된 이동식 탱크 및 컨테이너
- 도로 운송용 탱크, 철도 탱크, 해상 운송 탱크 등으로 세분화

3) 소규모 저장시설

- 연구소, 실험실, 병원 등에서 소량의 위험물 저장
- 별도의 소방 안전시설 및 화기 감시 장치 필요

3. 저장소의 구조 및 설계 기준

1) 방화 구조 적용

- 벽체 및 지붕은 불연재료 또는 내화구조로 설계

- 화재 발생 시 방화문과 방화셔터를 활용하여 화재 확산 방지

2) 환기 및 통풍 시스템

- 인화성 증기가 축적되지 않도록 자연 환기 및 기계 환기 병행 사용
- 유해 가스 배출을 위한 배기 팬 및 덕트 시스템 설치

3) 격리 및 구획 기준

- 위험물의 성질에 따라 별도 격리 보관
- 산화제와 가연성 물질 분리 보관 필수

4. 저장 환경 및 온도 관리

1) 위험물 보관 시 적정 온도 유지

- 액체 상태의 위험물은 일정한 온도를 유지해야 안정적인 보관 가능
  예) 인화성 액체는 20~25℃ 유지, 부식성 물질은 10~15℃ 보관 권장

2) 차광 및 화기 차단

- 햇빛 차단을 위한 차광 필름, 서늘한 장소 보관
- 저장소 주변에서 흡연 및 화기 사용 금지

5. 위험물 누출 및 화재 방지 대책

1) 누출 감지 시스템 도입

- 가스 감지 센서 및 유출 감지 센서를 활용하여 위험물 누출 여부 실시간 모니터링

2) 비상 차단 시스템

- 누출 감지 시 자동 밸브 차단 및 환기 시스템 가동

3) 위험물 소화 시스템 구축

- 저장소 내부에는 이산화탄소 소화설비, 포소화설비, 자동 소화 시스템을 필수적으로 설치

그림 7.3 **위험물 저장 및 취급 안전 장비**

2.2 위험물 취급 및 작업 안전 기준

1. 위험물 취급 절차 및 보호 장비

1) 취급자 보호 장비 착용 필수

(1) 화학물질 보호 장비 착용

- 위험물 종류에 따라 방염복, 화학 보호 장갑, 고글, 방독면 필수 착용
- 강산 및 강알칼리 취급 시 내화학성 보호복 추가 필요
- 전기화학적 위험이 있는 경우 정전기 방지 기능 포함된 보호복 착용

(2) 개인 보호 장비(PPE, Personal Protective Equipment) 검사

- 보호 장비의 손상 여부 확인
- 보호 장비 사용 전 점검 절차 수행 후 작업 가능

2) 취급 작업 전·중·후 안전 절차

(1) 취급 전 안전교육 필수

- 취급 물질의 성질, 반응성, 유해성에 대한 교육 이수
- 응급 대처법, 피난 경로 숙지

(2) 취급 중 안전관리

- 정전기 방지를 위한 접지 장치(grounding) 사용
- 위험물 보관소 내부에서 혼합 실험 금지
- 위험물 용기 개봉 시 적절한 환기 시스템 사용

(3) 취급 후 안전 절차

- 사용 후 즉시 용기 밀봉 및 표기 확인
- 보호 장비 세척 후 건조 보관

2. 위험물 취급 시 안전 수칙

1) 작업 환경 관리

- 작업장 내 통풍 및 배기 시스템 구축
- 위험물 누출 시 빠른 제거를 위한 흡수 패드 및 중화제 배치
- 화재 예방을 위한 지정된 지역에서만 용기 개봉

2) 취급 도구 및 장비 사용 기준

- 내화학성 용기를 사용하여 위험물 이동
- 화염을 발생시키는 장치 사용 금지(예 개방형 가열기)
- 적재 중 충격을 방지하기 위한 완충재 활용

3) 작업 중 사고 대응 절차

(1) 위험물 유출 발생 시 대응 매뉴얼에 따라 즉시 조치

- 소량 유출: 흡수 패드 사용 후 폐기
- 대량 유출: 차단막 설치 후 배수구로 흘러 들어가지 않도록 조치

(2) 유출 시 대기오염 방지 필터 가동 및 국소 배기 시스템 가동

3. 위험물 용기 및 포장 기준

1) 위험물 저장 용기 규격

- 국제표준(UN) 및 국내법 기준 적용
- 내화학성, 내압성 인증을 받은 용기 사용

2) 위험물 용기 표기 사항

- 위험물의 화학 명칭 및 성분 표시

- NFPA 704 위험도 다이어그램 적용
- 유통기한 및 취급 주의 사항 기재

3) 포장 및 적재 기준

- 이중 포장 원칙 적용(1차 보호 및 2차 보호 용기)
- 위험물 적재 시 낙하 및 충격 방지 조치 필수

2.3 위험물 운송 및 이동 시 안전 조치

1. 위험물 운송 차량 및 적재 기준

1) 위험물 운송 차량의 안전 규정

(1) 위험물 운송 전용 차량 사용

- 방폭 설계 및 환기 시스템 필수
- 긴급 소화 장비 및 대피 장비 탑재

(2) 운송 차량의 안전 검사

- 운행 전 브레이크 및 연료 라인 점검
- 운송 전 차량 내 연료 누출 여부 확인

2) 위험물 운송 적재 기준

(1) 적재 중 충격 완화 대책

- 무게 균형 유지 및 적재물 간격 확보
- 충격 방지 장치(완충제) 사용

(2) 위험물 유형별 적재 구분

- 인화성 액체와 산화제 분리 적재
- 강산과 강알칼리 물질 개별 적재

3) 도로 운송 중 제한 사항

- 도로 운송 중 지정된 경로만 이용
- 도심지 통과 시 야간 운송 권장

2. 운송 중 안전 절차 및 비상 대응

1) 운송 전 준비 절차

(1) 운송 노선 점검

- 도로 공사 및 정체 구간 사전 확인
- 위험 지역 회피 경로 계획

(2) 운송 허가증 및 신고 절차

- 위험물 운송 허가 확인 후 운송 개시
- 운송 구간별 신고 의무 이행

2) 운송 중 모니터링 시스템 도입

- 적재물 온도 및 압력 실시간 모니터링
- 긴급 상황 발생 시 즉각 비상 연락망 활용

3) 위험물 운송 중 사고 발생 시 대처 방법

- 차량 전복 시 위험물 누출 방지 조치
- 화재 발생 시 지정된 소화 장비 사용 후 대피

3. 위험물 운송 관련 법규

1) 국내법 적용 기준

- **위험물안전관리법**: 운송 절차 및 업체 책임 명시
- **도로교통법**: 위험물 운송 시 도로 이용 제한
- **철도안전법**: 철도 운송 시 취급 안전 조항 적용

2) 국제 기준 적용

- UN 위험물 운송 규정(UNRTDG)
- ADR(유럽 위험물 규정)
- IATA(국제항공운송협회) 위험물 규정
- 위험물 저장 및 취급 기준 관련 표 및 그림

3 위험물 시설의 안전관리

3.1 위험물 시설의 개념과 주요 안전 기준

1. 위험물 시설의 개념 및 중요성

- 위험물 시설은 연소 또는 폭발 위험이 큰 물질을 저장·취급하는 공간으로, 엄격한 관리가 필수적임
- 주로 화학공장, 주유소, 가스충전소, 화약류 보관소, 위험물 제조 및 운반 시설 등이 이에 해당함
- 화재 및 폭발 사고를 방지하기 위해 관련 법규에 따른 정기 점검 및 유지보수가 필수

2. 위험물 시설 관련 법규 및 관리 체계

- 「위험물안전관리법」 및 「소방법」 등 관련 법률을 기반으로 시설 관리 기준이 설정됨
- 시설 설계 기준, 소방시설 설치 의무, 작업자 안전교육 및 점검 의무 등의 규정을 포함
- 국가 및 지자체 차원에서 정기적으로 위험물 시설 점검 및 검사 시행

3. 위험물 저장시설의 기본 설계 기준

- 내화구조 및 방폭 설계 적용으로 화재 및 폭발 피해 최소화
- 환기 시스템을 설치하여 가연성 증기 축적 방지
- 화학 반응을 방지하기 위해 위험물 종류별 구획 보관

4. 소방 및 방재 설비 적용 기준

- 스프링클러, 자동 화재감지기, 가스 감지 센서 등 화재 예방 설비 설치
- 화재 발생 시 신속 대응을 위한 방수구, 소화전, 비상경보 시스템 구축
- 사고 발생 시 대피 경로 및 피난 시스템 확보

3.2 위험물 취급 및 운반 안전 기준

1. 위험물 취급 시 주요 안전 수칙

- 위험물 취급자는 반드시 보호 장비(방화복, 보안경, 보호 장갑 등) 착용

- 작업 공간은 충분한 환기가 필요하며, 인화성 물질은 화기 근처에서 취급 금지
- 위험물 혼합으로 인한 화학 반응을 방지하기 위해 물질별 별도 보관 필요

2. 위험물 저장 및 관리 기준

- 법적 기준에 따라 지정된 저장소에 보관하고, 허용된 양을 초과해서 저장 불가
- 저장소 내부 온도 및 습도를 일정하게 유지하며 화기 및 전기설비와의 안전 거리 확보
- 지정된 표지 및 경고판 부착으로 작업자 및 관계자의 안전 정보 전달

3. 위험물 운반 안전 절차

- 위험물 운반 차량은 법적 기준을 충족해야 하며, 운반 시 경고 표식을 반드시 부착
- 운반자는 운송 절차 및 응급 대응 절차 숙지 필수
- 운반 중 충격이나 누출이 발생하지 않도록 보호 장비 사용

4. 위험물 운송 중 응급 대응 절차

- 운반 중 위험물 누출, 화재 발생 시 신속한 초동 대응
- 비상 연락망 확보 및 긴급 신고 체계 유지
- 위험물 유출 시 차단 조치 및 방재 작업 수행

표 7.5 위험물 저장시설의 주요 안전 기준

구분	안전 기준
저장소 위치	주거 지역 및 주요 건물로부터 일정 거리 이상 떨어진 곳에 있어야 함
건축 구조	내화 및 방폭 구조를 갖춘 건물로 설계, 화재 및 폭발 위험 최소화
환기 설비	가연성 증기 축적 방지를 위한 충분한 환기 시스템 설치
소화설비	자동 소화 시스템(스프링클러, 포소화설비) 및 소화기 배치 의무화
표지 및 경고	저장소 주변에 위험물 경고 표지판 및 출입 통제 표시 부착 필수
화기 및 전기 시설	전기설비는 방폭형으로 설치하고, 화기 사용을 금지하며 안전거리 유지
온도 및 습도 관리	위험물 특성에 따라 적절한 온도 및 습도 유지 필요
물질별 구획 보관	화학 반응 위험이 있는 물질은 분리 보관하며, 혼합 저장 금지
비상 대응 시스템	유출·누출 감지 센서 및 비상 대응 장비 구비 필수
정기 점검	시설 내 소방 및 안전 점검을 법적 기준에 따라 주기적으로 시행

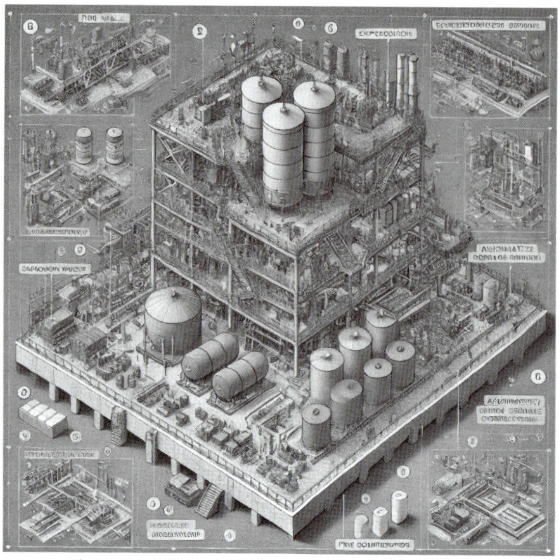

그림 7.4 위험물 저장시설의 안전 설계 구조

3.3 위험물 사고 예방 및 대응 전략

1. 위험물 사고 예방 대책

- 실시간 모니터링 시스템을 활용하여 위험물 누출 및 이상 감지
- 정기적인 시설 점검 및 유지보수 강화
- 작업자 대상 안전교육 및 모의 훈련 실시

2. 위험물 사고 발생 시 비상 대응 체계

- 화재 및 누출 발생 시 즉각적인 경보 및 대피 유도
- 초기 진화를 위한 소화기 및 자동 소화 시스템 활용
- 소방대 및 전문 구조팀 협력을 통한 신속한 진압 및 복구 수행

3. 스마트 안전관리 시스템 적용

- IoT 기반 원격 모니터링 시스템 도입으로 사고 예방 및 실시간 대응 강화
- AI 분석을 통한 위험 예측 및 이상 징후 감지
- 친환경적인 위험물 관리 시스템 구축으로 환경 오염 방지

4. 위험물 사고 사례 분석 및 교훈

- 베이루트 질산암모늄 폭발(2020년) : 잘못된 저장 방식과 미흡한 관리가 대

형 사고로 이어짐

- 국내 유류 저장소 폭발 사례 : 보관 중 정전기 발생 및 유증기 확산으로 인해 폭발 사고 발생

표 7.6 위험물 취급 및 운반 안전 수칙

구분	안전 수칙
위험물 취급 시 보호 장비 착용	작업자는 방화복, 보호 장갑, 보안경 등 적절한 보호 장비 착용 필수
작업 공간의 환기 유지	가연성 증기 축적 방지를 위해 충분한 환기 시설 가동
위험물 혼합 방지	화학 반응을 유발할 가능성이 있는 물질은 반드시 구획 보관
운반 차량 안전 기준	방폭형 차량 사용 및 경고 표식 부착, 허가된 경로로 운송 진행
운반 중 충격 방지	충격, 낙하 방지를 위해 적재 방법 준수 및 고정 장치 사용
운반 중 화기 엄격 통제	운반 중에는 흡연 및 화기 사용 금지, 정전기 발생 방지 조치 시행
비상 상황 대응 매뉴얼 숙지	운반 중 유출, 누출, 화재 발생 시 대응 절차 및 신고 체계 숙지
비상 장비 구비	운반 차량 내 소화기, 방재 매트, 흡수제 등 응급 대응 장비 비치
정기 점검 및 유지보수	운반 차량 및 저장소의 안전 점검을 정기적으로 하여 이상 여부 확인

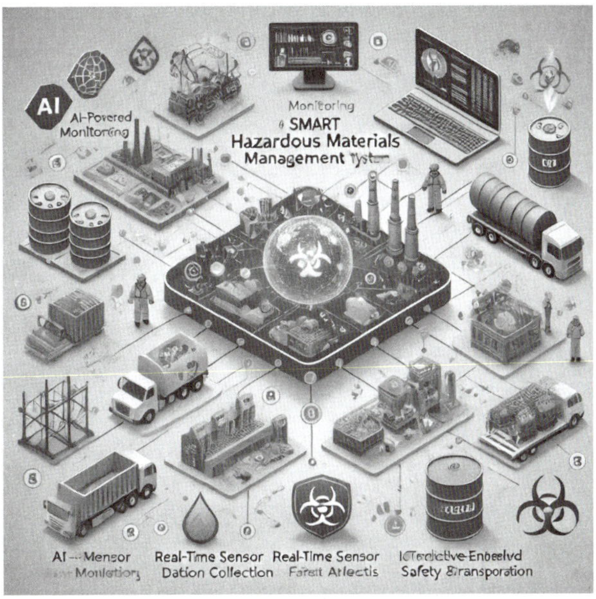

그림 7.5 스마트 위험물 관리 시스템 개념도

참고문헌

- 소방청, 위험물안전관리법, 국가법령정보센터, 2023.
- 소방청, 위험물안전관리법 시행령 및 시행규칙, 2023.
- 국립소방연구원, 위험물의 종류 및 성상에 관한 연구, 2022.
- NFPA (National Fire Protection Association), NFPA 30: Flammable and Combustible Liquids Code, 2022.
- ISO (International Organization for Standardization), ISO 8421-1: Fire Protection – Vocabulary – Part 1: General Terms, 2021.
- 한국소방안전원, 위험물 시설 안전관리 지침서, 2021.
- 한국화재보험협회, 위험물 저장 및 취급 안전 가이드라인, 2022.
- British Standards Institution (BSI), BS 5306-3: Fire Extinguishing Installations and Equipment on Premises – Part 3: Commissioning and Maintenance of Portable Fire Extinguishers, 2020.
- European Committee for Standardization (CEN), EN 14470-1: Fire Safety Storage Cabinets – Part 1: Safety Storage Cabinets for Flammable Liquids, 2021.
- 김영수, 위험물질의 화재 및 폭발 위험성 평가, 박문각, 2021.

P/A/R/T

04

화재 조사 및 구조·구급

Chapter 08

화재 조사

학습 목표

- 화재 조사의 개념과 필요성을 이해하고, 화재 원인 규명 및 예방 대책 수립의 중요성을 설명할 수 있다.
- 화재 조사의 기본 절차와 주요 단계(초동 대응, 현장 조사, 증거 분석 등)를 숙지하고, 각 단계에서 수행해야 할 핵심 업무를 설명할 수 있다.
- 과학적 감식 기법과 분석 방법을 이해하여, 화재의 원인을 규명하는 과정에서 사용되는 기술과 절차를 설명할 수 있다.
- 국내외 주요 화재 사례를 분석하여, 화재 원인과 대응 과정에서 도출된 교훈을 바탕으로 효과적인 예방 및 대응 전략을 도출할 수 있다.
- 법적·기술적 측면에서 화재 조사의 역할을 파악하고, 화재 감식 결과가 소방 및 법적 판단에 미치는 영향을 설명할 수 있다.

1 화재 조사의 목적 및 절차

1.1 화재 조사의 개념 및 중요성

1. 화재 조사의 개념

- 화재 조사는 화재 발생 원인을 규명하고 재발 방지 대책을 마련하기 위한 과학적·법적 절차이다.
- 화재 조사 결과는 법적 책임 규명, 보험 청구 검토, 소방 정책 수립, 건축물 안전 기준 개선 등에 활용된다.
- 특히, 화재 원인을 명확하게 파악함으로써 방화 및 실화 여부를 판단하고, 화재 예방을 위한 법률 및 정책 개선에 이바지한다.
- 화재 조사는 법적·행정적으로 중요한 과정으로, 국가 차원의 화재 안전 관리 정책과 연계된다.

2. 화재 조사의 필요성 및 활용 분야

1) 법적 책임 규명

- 방화(고의적) 또는 실화(과실) 여부 판단
- 법원 및 검찰청에서 화재 사건 수사에 활용

2) 보험 및 손해 배상 평가

- 화재 피해 규모 산정 및 보험금 지급 검토
- 보험 사기 방지 및 사고 원인 검증

3) 화재 예방 정책 수립

- 주요 화재 원인을 분석하여 예방 대책 마련
- 건축자재 및 설비 기준 개선

4) 기술적 분석 및 연구

- 화재 확산 경로 및 원인 연구
- 화재 감식 기법 및 소방 기술 발전에 활용

그림 8.1 **화재 조사의 개념 및 주요 역할**

1.2 화재 조사의 절차 및 주요 단계

1. 초동 조사(Initial Investigation)

1) 화재 발생 직후 수행하는 초기 대응 및 증거 보호 과정

2) 주요 내용

- 현장 안전 확보 및 접근 통제
- 주요 증거 보존 및 초기 진술 확보
- **1차 감식**: 화재 발생 위치 및 진행 방향 확인

2. 현장 감식(On-site Fire Scene Investigation)

1) 화재 패턴 분석

- 화염 전파 방향 및 강도 파악
- 탄화된 잔해 분석을 통한 발화지점 특정

2) 연소 잔류물 및 화재 생성물 분석

- 탄화된 물질 및 연소 생성물 검출
- 유류, 가연성 가스 및 화학적 촉매 물질 분석

3) 열적 손상 및 구조적 변화 분석

- 건축물 변형, 유리 파손 패턴 등 확인
- 폭발 가능성 유무 검토

그림 8.2 화재 현장 감식 및 증거물 분석 과정

1.3 증거물 분석 및 데이터 활용

1. 물리적 증거물 수집 및 분석

- **탄화도 분석**: 나무, 플라스틱, 금속 등의 연소 흔적
- **전기적 요인 확인**: 합선 여부, 차단기 작동 기록
- 가연성 액체 및 폭발 흔적 확인

2. 디지털 데이터 활용

- 감시 카메라(CCTV) 영상 분석
- IoT 기반 화재 감지 시스템 데이터 검토
- 스마트 소방 센서 및 경보 시스템 작동 기록 분석

1.4 화재 원인 감식 및 보고서 작성

1. 화재 원인 감식(Fire Origin & Cause Determination)

1) 전기적 요인 분석

- 전기 회로, 차단기, 전선 손상 여부 점검

2) 기계적 요인 분석

- 기계 과열, 마찰 발열, 점화원 유무

3) 화학적 요인 분석

- 가연성 화학물질 유출, 폭발 가능성 검토

4) 인적 요인 조사

- 방화 또는 과실 여부 판단

2. 보고서 작성 및 법적 절차

표 8.1 화재 조사의 주요 절차 및 단계

단계	주요 내용
1. 초동 조사	•신고 접수 및 출동 •현장 안전 확보 및 위험 요소 제거
2. 현장 감식	•화재 발생 원인 및 최초 발화지점 조사 •증거물 수집 및 분석
3. 증거 분석	•연소 패턴 및 화재 확산 경로 분석 •화재 원인 및 화학적 분석
4. 목격자 진술 조사	•화재 발생 당시 주변 증언 확보 •영상 및 사진 자료 분석
5. 보고서 작성	•조사 결과 정리 및 분석 보고서 작성 •법적 검토 및 조치 사항 기재
6. 후속 조치	•예방 대책 및 개선 방안 마련 •법적 대응 및 사고 재발 방지 대책 수립

1) 화재 조사 보고서 주요 내용

- 화재 발생 개요(일시, 장소, 규모)
- 조사 과정 및 증거 분석 결과
- 최종 화재 원인 및 예방 조치 제안

2) 법적 증거 제출

- 조사 보고서는 법원, 검찰, 보험사 등에 공식 자료로 활용됨
- 필요시 추가 감정 및 법적 심사 진행

1.5 화재 조사의 법적 기준 및 책임

1. 소방법 및 관련 법규

1) 화재 조사는 국가 차원의 법적 절차로 수행되며, 소방청 및 지방자치단체가 담당

2) 주요 법규

- 「**소방기본법**」: 화재 예방 및 조사 권한 명시
- 「**화재 조사 및 감식에 관한 규정**」: 조사 절차 및 보고서 작성 기준
- 「**형법**」: 실화죄 및 방화죄 관련 법 조항

표 8.2 주요 화재 조사 관련 법규

법규명	주요 내용
소방기본법	• 화재 발생 시 신고 및 대응 절차 규정 • 소방 조사 권한 및 소방청의 조사 권한 명시
화재 조사에 관한 법률	• 화재 원인 조사 및 감식 절차 규정 • 조사 결과의 법적 효력 및 활용 방안 명시
형사소송법	• 화재가 범죄와 연관될 때 조사 절차 규정 • 법적 증거물 채택 기준 명시
건축법	• 화재 예방을 위한 건축물 안전 기준 명시 • 방화구획 및 소방설비 설치 기준 포함

2. 조사기관 및 담당자의 역할

- **소방청 및 지방소방본부**: 공공재산 및 대형 화재 조사 수행
- **경찰청 및 검찰청**: 범죄 관련 방화 및 실화 사건 수사
- **보험사 및 민간 감식기관**: 보험 사기 방지 및 보상 청구 검증
- **법원 및 과학수사연구소**: 법적 증거 검토 및 감정 분석 수행

1.6 최신 화재 조사 기법 및 기술 적용

1. 열화상 카메라 및 AI 분석 도입

1) 열화상 촬영 기술

- 현장에서 실시간으로 온도 변화를 감지하여 발화 지점 추적

2) AI 기반 화재 분석

- 대규모 데이터 분석을 통해 화재 패턴 및 원인 예측

그림 8.3 **최신 화재 조사 기법 및 AI 기반 분석**

2. FDS(Fire Dynamics Simulator) 화재 시뮬레이션

- 컴퓨터 모델을 활용한 화재 확산 경로 분석
- 연소 환경 변화에 따른 화재 위험도 평가

1.7 화재 조사를 통한 예방 대책 개선

1. 화재 조사 데이터를 활용한 화재 예방 정책

- 주요 화재 유형 및 원인 데이터베이스 구축
- 건축물 내 방화구획 및 피난 설비 기준 강화
- 신속한 화재 감지 및 초기 대응 시스템 개발

2. 화재 조사 후속 조치

- 소방 점검 및 안전관리 의무 강화
- 건축 및 시설물의 내화 기준 강화
- 화재 예방 교육 및 홍보 확대

표 8.3 화재 조사 후속 조치 및 개선 방안

구분	후속 조치 및 개선 방안
기술적 개선	• 스마트 화재 감식 기술(AI, 드론, 열화상 분석) 도입 • 신소재 및 내화 건축물 기준 강화
제도적 개선	• 화재 조사 관련 법령 개정 및 세부 지침 마련 • 소방 및 조사기관 간 협력 강화
교육 및 홍보	• 화재 예방 및 초기 대응 교육 확대 • 일반인 대상 화재 신고 및 대피 훈련 강화
통계 및 연구	• 화재 발생 유형 및 원인 분석 데이터베이스 구축 • 재발 방지를 위한 지속적인 연구개발

2 화재 원인 분석 및 감식 기법

2.1 화재 원인 분석의 개념 및 중요성

1. 화재 원인 분석의 개념

- 화재 원인 분석은 발화점과 점화원의 확인, 연소 확산 경로 조사, 연소 패턴 및 잔존 물질 분석을 통해 자연적, 기계적, 전기적 또는 고의적 원인을 규명하는 과정
- 화재가 시작된 최초 착화지점(origin)을 파악하고 연소 확산 과정을 분석하여 화재의 근본적인 원인을 조사
- 분석된 정보는 예방 대책 수립, 보험 처리, 법적 판단 등의 중요한 근거 자료로 활용됨

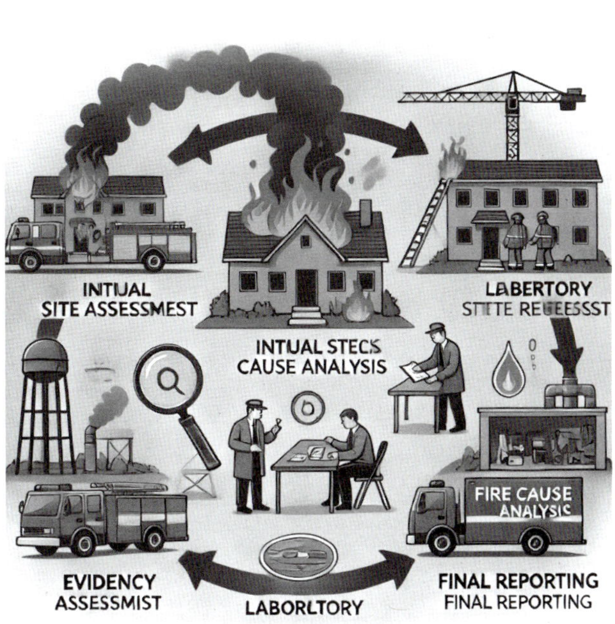

그림 8.4 **화재 원인 분석의 주요 절차**

2. 화재 원인 분석의 중요성

- 화재 예방 및 재발 방지: 화재 발생 원인을 철저히 규명하여 유사 화재의 재발을 방지
- 보험 및 보상 문제 해결: 화재 원인에 대한 객관적인 자료를 확보하여 보험 처리 및 보상 문제 해결
- 방화범 검거 및 법적 대응: 화재가 고의적인 방화인지 여부를 판단하고, 관련 법적 절차를 진행하는 근거 마련

표 8.4 화재 원인별 주요 감식 기법 비교

화재 원인	주요 감식 기법	설명
전기적 원인	배선 손상 및 단락 흔적 분석	전선 피복 손상, 용융 흔적 조사
기계적 원인	마찰열, 기계 부품 과열 분석	과열된 부품의 변형 및 표면 상태 확인
화학적 원인	화학 성분 분석 (잔류 연료, 가연물)	화학 반응으로 인한 발열 가능성 검토
자연 발화	온도 상승 패턴 분석, 유기물 발화 조사	습기, 공기 노출에 따른 자연 발화 가능성 조사
방화 (고의적)	다중 점화 흔적, 인화성 물질 분석	다중 발화점 존재 여부, 가연성 액체 흔적 검사

2.2 화재 감식 기법의 기본 원리

1. 화재 감식의 주요 요소

1) 최초 발화지점(Origin) 분석

- 발화 위치를 찾아 가장 심한 손상을 입은 지점을 파악
- 연소 흔적과 탄화 깊이를 비교하여 화재가 확산한 방향 조사

2) 점화원(Ignition Source) 분석

- 전기적 원인(합선, 과부하, 단락 등)
- 기계적 원인(마찰열, 압축열 등)
- 화학적 원인(자연 발화, 가연성 가스 등)

3) 연소 진행 및 확산 경로 분석

- 불길의 이동 방향, 열 흐름 및 공기 유동 파악
- 주변 가연물과 화재 잔해 분석

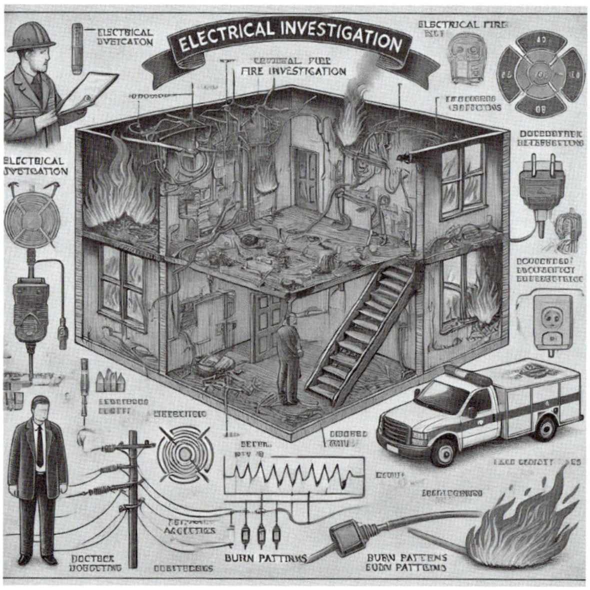

그림 8.5 **전기적 원인 화재 감식 사례**

2. 화재 감식에서 고려해야 할 요인

- 화재가 실내에서 발생했는지 또는 실외에서 시작되었는지 여부
- 연소 흔적과 열 변형을 통한 화재 진행 방향 확인

• 전기적, 기계적, 화학적 원인의 상관관계 분석

표 8.5 화재 감식 기술의 최신 연구 동향

연구 동향	설명	활용 분야
AI 기반 화재 감식	빅데이터를 활용한 화재 원인 분석	스마트 감식 시스템, 자동 보고서 생성
드론 화재 감식	공중 촬영을 통한 화재 잔해 분석	대형 화재 감식, 구조 안전 평가
열화상 감식 기법	적외선 카메라로 화재 확산 분석	전기 화재, 방화 감식
화학 분석 기술	연소 생성물 분석으로 발화 원인 추적	유류 화재, 가연성 물질 분석
실시간 데이터 감식	센서를 활용한 연소 패턴 감지	산업 현장 화재 예방

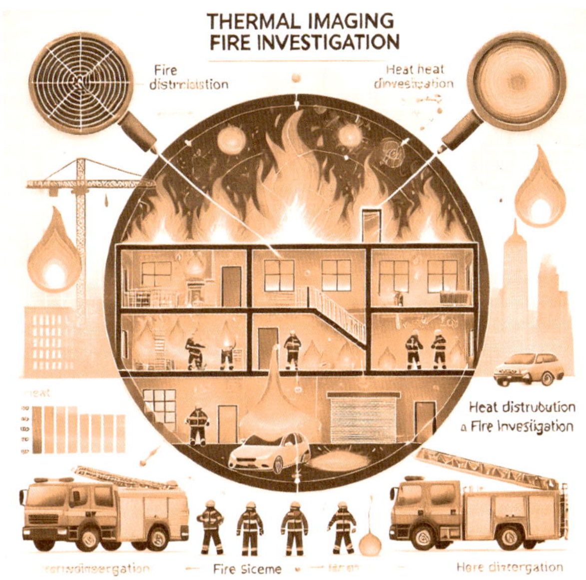

그림 8.6 열화상 감식 기법 개념도

2.3 주요 화재 감식 기법

1. 연소 패턴 분석법

• 화재 발생 후 남겨진 탄화 흔적과 열 변형 상태를 분석하여 최초 발화지점 및 확산 방향을 파악

2. 잔류 연소물 분석법

- 화재 현장에서 남겨진 가연물과 변형 물질을 채취하여 발화 물질과 점화원의 관계 확인

3. 전기 화재 분석 기법

- 전선의 용융 상태 및 단락 흔적 분석
- 배선 손상과 누전 여부 확인

4. 화학 분석 기법

- 화재 잔류물에서 유류 및 가연성 물질 검출
- 가연성 가스 누출 여부 분석

5. 열화상 감식 기법

- 열화상 카메라를 활용하여 화재 발생 시점과 열원의 위치 분석
- 벽 내부 및 배선의 이상 발열 감지

6. AI 및 빅데이터 기반 화재 감식 기법

- 방대한 화재 데이터베이스를 활용한 패턴 분석
- AI가 화재 감식 데이터를 자동 분석하여 신속한 결과 도출

그림 8.7 **화재 감식 과정의 단계별 흐름도**

2.4 화재 감식 과정 및 절차

1. 초동 감식 단계

- 화재 현장 출입 및 안전 확보
- 초기 목격자 진술 확보

2. 현장 조사 단계

- 발화지점 및 점화원 조사
- 잔해물 채취 및 감식

3. 실험 및 분석 단계

- 화학적, 물리적 실험을 통해 화재 원인 분석
- 전기 및 기계적 결함 여부 확인

그림 8.8 AI 및 빅데이터 기반 화재 분석 시스템

표 8.6 화재 원인별 감식 절차 및 분석 요소

감식 절차	분석 요소	주요 점검 항목
초기 현장 감식	연소 패턴, 열 손상 정도 확인	발화 위치, 연소 흔적 비교
잔해물 분석	가연물 및 점화원 검출	잔여 물질 성분 분석
화학적 감식	휘발성 물질 및 유류 흔적 검사	인화성 물질 존재 여부 확인
전기 감식	단락 흔적, 용융 상태 점검	전선 용해 흔적, 배선 과열 검사
종합 분석	감식 결과 비교 및 데이터 대조	법적 판단 및 화재 원인 보고서 작성

4. 결과 보고 및 판단 단계

- 분석 결과 정리 및 화재 원인 결론 도출
- 법적 절차에 따른 보고서 작성

표 8.7 방화 감식 시 주요 판단 기준

판단 기준	설명	주요 확인 사항
다중 발화점 여부	여러 개의 점화 지점 존재 확인	발화 패턴, 거리 분석
연료 사용 여부	인화성 액체 또는 가연물 사용 여부	잔류 연소물, 연료 흔적 확인
연소 속도 및 형태	일반적인 연소 패턴과 다른 확산 속도	빠른 연소 확산 여부 분석
출입 흔적	침입 흔적 및 고의적 점화 가능성 조사	창문, 문 개방 여부 조사
목격자 진술	화재 발생 전후 행동 분석	증언의 일관성 및 신뢰도 평가

2.5 실제 화재 감식 사례 분석

1. 전기적 원인 화재 사례

- 전기 합선으로 인해 발생한 화재 분석
- **감식 결과**: 배선 단락으로 인한 과열로 발화

2. 기계적 원인 화재 사례

- 산업 기계의 과열로 인해 발생한 화재 사례
- **감식 결과**: 마찰열 증가로 인한 자연 발화

3. 방화(고의적 화재) 사례

- 인화성 물질을 이용한 고의적 방화 사례
- **감식 결과**: 다중 점화 지점과 유류 흔적 발견

그림 8.9 **방화 감식 기법 및 증거 분석 사례**

3 주요 화재 사례 분석

3.1 주요 화재 사례 개요

1. 대형 화재 사례의 중요성

- 대형 화재 사건 분석을 통해 유사 사고 예방 가능
- 화재 발생 원인 및 진압 과정의 교훈 도출
- 건축물 설계 및 소방 정책 개선에 활용

2. 화재 사례 분석 방법론

- 화재 발생 시점 및 원인 조사
- 피해 규모 및 화재 확산 과정 분석
- 대응 조치 및 소방 활동 평가
- 화재 예방 및 대응을 위한 개선 방안 도출

3.2 국내 주요 화재 사례 분석

1. 이천 물류센터 화재 (2020년)

1) 화재 개요

- 2020년 4월 29일, 경기도 이천의 한 물류창고에서 발생
- 공사 중이던 지하층에서 유증기 폭발로 인해 급속한 화재 확산

2) 원인 분석

- 위험물(우레탄폼 및 인화성 물질) 취급 부주의
- 밀폐된 공간에서의 용접 작업 중 점화원 발생

3) 진압 및 대응 과정

- 화재 발생 후 약 4시간 만에 완전 진압
- 대피가 어려운 구조로 인해 사망 38명, 부상 10명 발생

4) 교훈 및 개선점

- 화재 발생 시 대피로 확보 필요
- 밀폐 공간 내 작업 시 인화성 물질 제거 및 환기 필요

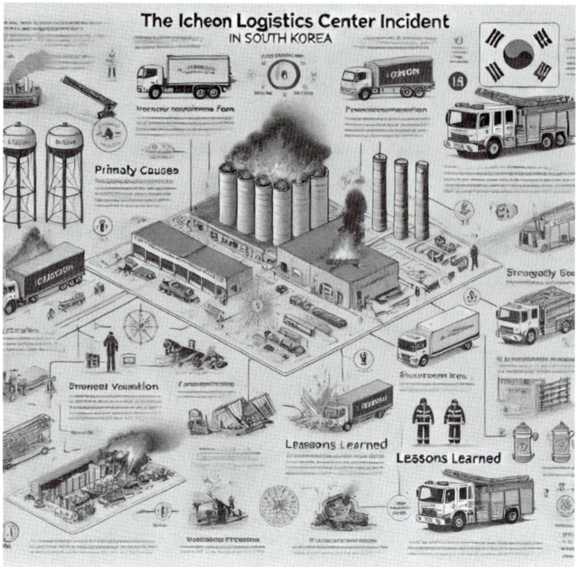

그림 8.10 이천 물류센터 화재 분석 및 피해 상황

표 8.8 이천 물류센터 화재 원인 및 대응 비교

항목	내용
발생 일시	2020년 4월 29일
발생 장소	경기도 이천 물류센터 (공사 중)
화재 원인	인화성 물질(우레탄폼) 취급 중 용접 불꽃 착화
확산 요인	밀폐된 공간, 우레탄폼 및 기타 가연성 물질 다량 존재
진압 과정	화재 발생 후 약 4시간 만에 완전 진압
피해 규모	사망 38명, 부상 10명
대응 문제점	초기 진압 지연, 대피로 확보 부족
개선 대책	밀폐 공간 내 작업 시 인화성 물질 제거 및 환기 강화

2. 대구 지하철 화재 (2003년)

1) 화재 개요

- 2003년 2월 18일, 대구 지하철 중앙로역에서 방화로 인한 대형 화재 발생
- 방화범이 객차 내부에 인화물질을 투척 후 점화

2) 원인 분석

- 방화범의 의도적 점화

- 불연재 사용 미흡 및 지하철 내부 연소 확대

3) 진압 및 대응 과정

- 초기 대응 지연 및 승객 대피 실패
- 출입문 자동 잠금 기능으로 탈출 불가 상황 발생

4) 교훈 및 개선점

- 대중교통 수단 내 방화 대응 강화
- 비상 출입문 개방 시스템 개선

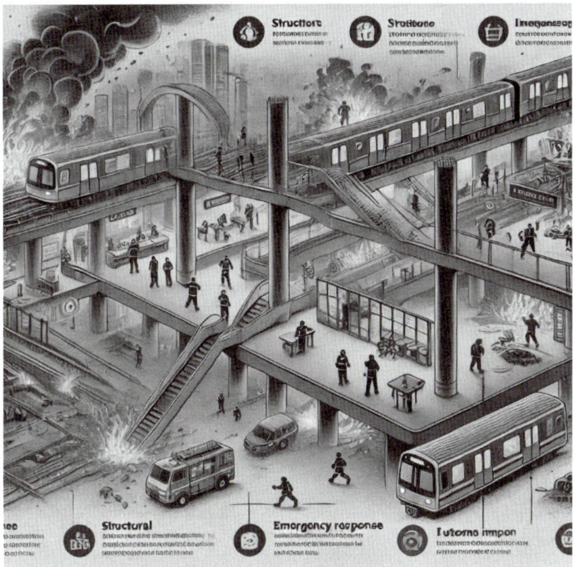

그림 8.11 **대구 지하철 화재 발생 과정 및 피해 분석**

표 8.9 대구 지하철 화재 원인 및 주요 대응 분석

항목	내용
발생 일시	2003년 2월 18일
발생 장소	대구 지하철 중앙로역
화재 원인	방화범이 객차 내부에 인화물질 투척 후 점화
확산 요인	불연재 사용 미흡, 내부 연소 확대
진압 과정	초기 대응 실패, 출입문 자동 잠금으로 탈출 불가
피해 규모	사망 192명, 부상 151명
대응 문제점	대피 경로 차단, 초기 진화 실패
개선 대책	대중교통 수단 내 방화 대응 강화, 비상 출입문 개방 시스템 개선

3.3 해외 주요 화재 사례 분석

1. 런던 그렌펠 타워 화재 (2017년)

1) 화재 개요

- 2017년 6월 14일 영국 런던의 24층 아파트에서 발생한 대형 화재
- 외장재(가연성 외장패널)로 인해 화재가 급속 확산

2) 원인 분석

- 건물 외벽 가연성 패널 사용
- 초기 경보 시스템 오작동

3) 진압 및 대응 과정

- 화재 발생 후 60시간 이상 연소 지속
- 소방관 250명 투입 및 약 200명의 주민 구조

4) 교훈 및 개선점

- 건축물 내 불연성 외장재 사용 의무화
- 조기 화재 감지 및 대피 시스템 개선

그림 8.12 그렌펠 타워 화재 확산 경로 분석

표 8.10 그렌펠 타워 화재 원인 및 대응 방안 비교

항목	내용
발생 일시	2017년 6월 14일
발생 장소	영국 런던 그렌펠 타워 (24층 아파트)
화재 원인	외장재(가연성 패널)에서 시작된 화재 급속 확산
확산 요인	가연성 패널 사용, 초기 경보 시스템 오작동
진압 과정	화재 발생 후 60시간 이상 연소 지속
피해 규모	사망 72명, 부상 70여 명
대응 문제점	건물 내 조기 경보 및 대피 시스템 미비
개선 대책	불연성 외장재 사용 의무화, 조기 화재 감지 시스템 개선

2. 베이루트 항구 질산암모늄 폭발 사고 (2020년)

1) 화재 개요

- 2020년 8월 4일 레바논 베이루트 항구에서 대규모 폭발 발생
- 창고에 보관 중이던 약 2,750톤의 질산암모늄이 폭발

2) 원인 분석

- 장기간 방치된 위험물(질산암모늄)의 부적절한 저장
- 창고 내 화재로 인한 연쇄 폭발 발생

3) 진압 및 대응 과정

- 폭발로 인한 대규모 피해 발생(사망 218명, 부상 7,500명)
- 폭발 이후 국제적 지원 및 재건 작업 진행

4) 교훈 및 개선점

- 위험물 저장소 관리 강화
- 국제 기준에 맞는 위험물 취급 규정 도입

그림 8.13 **베이루트 항구 폭발 사건 개념도**

표 8.11 베이루트 질산암모늄 폭발 사고 원인 및 대응 비교

항목	내용
발생 일시	2020년 8월 4일
발생 장소	레바논 베이루트 항구
화재 원인	창고 내 장기간 방치된 질산암모늄의 폭발
확산 요인	부적절한 위험물 보관, 화재 발생 후 연쇄 폭발
진압 과정	대규모 폭발로 인해 즉각적인 대응 불가
피해 규모	사망 218명, 부상 7,500명, 항구 시설 및 도시 심각한 피해
대응 문제점	위험물 저장소의 부적절한 관리, 화재 발생 시 즉각 대응 미흡
개선 대책	위험물 저장소 관리 강화, 국제 기준에 맞는 위험물 취급 규정 도입

3.4 화재 사례 분석을 통한 개선 방안

1. 건축물 화재 예방 대책

- 불연성 건축자재 사용 확대
- 소방시설(스프링클러, 방화문) 설치 기준 강화

2. 위험물 저장 및 취급 관리 개선

- 위험물 저장소 안전 기준 강화
- 취급 및 운반 시 위험물 관리 교육 의무화

3. 화재 대응 시스템 및 대피 절차 개선

- 대형 건축물 내 실시간 화재 감지 및 대피 유도 시스템 적용
- 대중교통 수단 및 공공장소 내 비상 대피 경로 개선

4. AI 및 스마트 소방 시스템 도입

- AI 기반 화재 감식 및 예측 시스템 도입
- 실시간 감시 및 분석을 통한 예방 대책 마련

참고문헌

- 소방청, 화재조사에 관한 법률, 국가법령정보센터, 2023.
- 국립과학수사연구원, 화재 원인 감식 및 분석 매뉴얼, 2022.
- NFPA (National Fire Protection Association), NFPA 921: Guide for Fire and Explosion Investigations, 2022.
- ISO (International Organization for Standardization), ISO 16732-1: Fire Safety Engineering – Fire Risk Assessment – Part 1: General, 2021.
- 한국소방안전원, 화재조사 기법과 사례 연구, 2021.
- 한국화재보험협회, 화재사고 분석 및 예방 대책, 2022.
- British Standards Institution (BSI), BS 7974: Application of Fire Safety Engineering Principles to the Design of Buildings – Code of Practice, 2020.
- European Committee for Standardization (CEN), EN 16750: Fire Safety Engineering – Assessment, Verification and Validation of Fire Engineering Methods, 2021.
- 이승현, 화재조사와 감식의 이론과 실제, 법문사, 2021.
- 소방방재청, 주요 화재 사례 분석 보고서, 2022.

Chapter

09

구조 및 구급

학습 목표

- 119 구조·구급 활동의 개념과 중요성을 이해하고, 출동 체계 및 역할을 설명할 수 있다.
- 응급처치의 기본 원칙과 주요 기술을 익히고, 현장에서 효과적으로 응급처치를 수행할 수 있다.
- 응급 의료체계 및 병원 연계 시스템을 이해하고, 긴급 상황에서 의료 지원의 흐름을 설명할 수 있다.
- 구조·구급 장비의 종류와 특성을 익히고, 상황별 적절한 장비 활용법을 설명할 수 있다.
- 최신 구조·구급 기술과 스마트 시스템 적용 사례를 학습하고, 미래 구조·구급 시스템의 발전 방향을 예측할 수 있다.

1 119구조·구급 활동 개요

1.1 구조·구급 활동의 정의 및 필요성

- 구조 및 구급 활동은 재난, 사고, 응급 상황에서 인명을 보호하고 피해를 최소화하는 필수적인 공공 서비스이다.
- 주요 활동 분야는 ▲화재 ▲교통사고 ▲붕괴 사고 ▲산악·수난사고 ▲감염병 환자 이송 ▲대규모 재난 구조 등으로 구분된다.
- 신속한 구조 및 응급처치는 생존율을 증가시키고, 후유증을 최소화하며, 의료체계의 부담을 줄이는 역할을 한다.

1.2 119 구조·구급 시스템 및 운영 체계

- 대한민국의 119 구조·구급 서비스는 소방청이 총괄하며, 각 지역 소방본부 및 소방서에서 실무를 담당한다.

1. 119 신고 및 출동 절차

- 신고 접수 → 출동 명령 → 현장 도착 및 상황 판단 → 응급처치 및 구조 → 병

원 이송 또는 추가 지원 요청

2. 긴급 구조 및 이송 체계

- 경미한 환자는 일반 구급차로 이송되며, 중증 응급환자는 특수 구급차, 헬리콥터, 음압 구급차 등을 활용하여 전문 응급의료센터로 신속히 이동한다.

표 9.1 119 구조·구급 출동 절차 및 단계

단계	주요 내용
신고 접수	119 신고 접수 및 사고 유형 파악
출동 결정	출동팀 구성 및 장비 점검
현장 도착	현장 평가 및 안전 확보
응급처치	환자 상태 평가 및 응급처치 시행
이송 결정	의료기관 이송 여부 판단
병원 인계	병원 의료진에게 환자 인계

그림 9.1 119 구조·구급 활동 개념도

1.3 구조·구급대의 역할 및 직무 범위

1. 구조대원의 역할

- **붕괴 사고**: 매몰자 탐색 및 구조
- **수난사고**: 익수자 구조 및 응급처치
- **고층 건물 사고**: 로프 구조 및 완강기 활용
- **교통사고**: 차량 절단 및 환자 구조

2. 구급대원의 역할

- 심정지 환자 CPR 및 제세동기(AED) 사용
- 응급환자 처치(골절 부목 고정, 출혈 지혈, 기도 확보)
- 응급환자 분류(Triage) 및 병원 연계

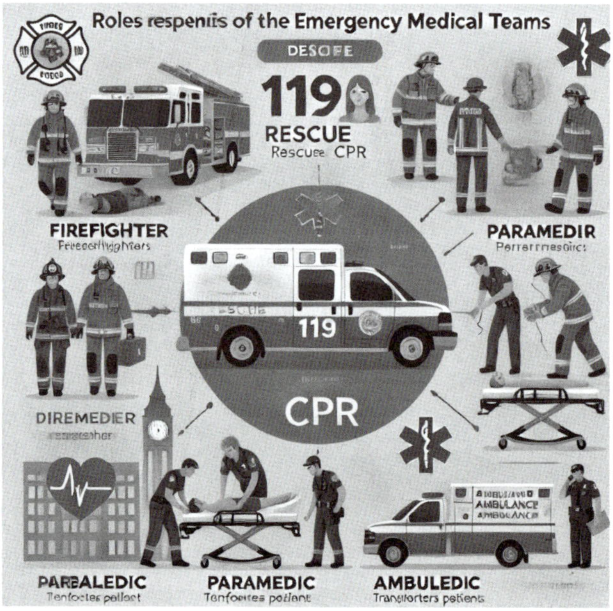

그림 9.2 **119 구조대 및 구급대의 주요 역할**

2 응급처치 및 응급의료 체계

2.1 응급처치의 기본 원칙 및 중요성

- 응급처치는 사고 및 질병 발생 시 초기 대응을 통해 생존 가능성을 높이는 필수 과정이다.
- 주요 응급처치 원칙
  - **신속한 대응**: 초기 대응이 환자의 생존율을 결정
  - **정확한 처치**: 상황에 맞는 올바른 응급처치 시행
  - **병원 이송**: 신속한 전문 의료기관 연계

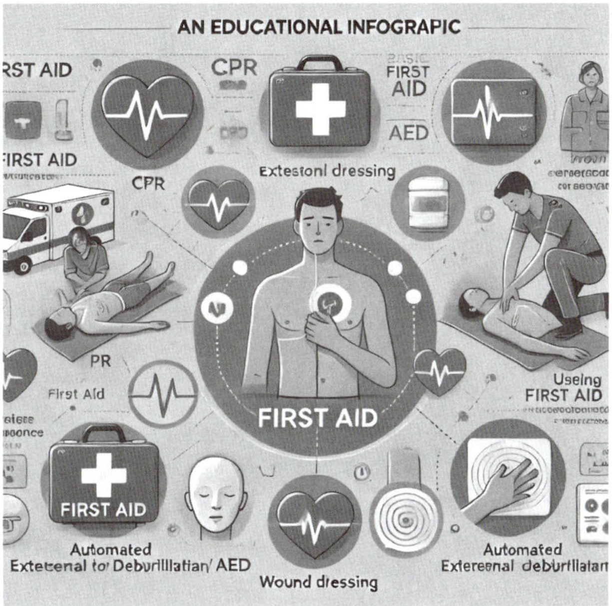

그림 9.3 **응급처치 개념 및 중요성**

2.2 주요 응급처치 기술 및 방법

- **심폐소생술(CPR)**: 가슴 압박 및 인공호흡을 통해 심정지 환자의 생존율을 높이는 기술
- **기도 폐쇄 처치(하임리히법)**: 이물질에 의해 기도가 막혔을 때 시행
- **출혈 응급처치**: 압박법, 지혈대 사용, 창상 보호 등
- **화상 응급처치**: 냉각, 보호, 감염 예방

표 9.2 주요 응급처치 기술 및 방법 비교

응급처치 기술	적용 상황	주요 방법
심폐소생술(CPR)	심정지 환자	흉부 압박 및 인공호흡 시행
자동제세동기(AED)	심실세동	전기 충격을 통한 심장 리듬 조절
기도 폐쇄 처치(하임리히법)	기도 폐쇄	복부 압박을 통한 기도 개방
출혈 관리	출혈 환자	지혈, 압박 붕대, 지혈제 사용

2.3 응급 의료체계 및 병원 연계 시스템

1. 응급환자 분류 체계(Triage)

- 재난 상황에서 환자의 중증도를 분류하여 신속한 치료를 제공하는 시스템
- 빨강(긴급 치료 필요), 노랑(중등도 응급), 초록(경미한 환자), 검정(사망 또는 치료 불가)

2. 응급의료센터 연계

- 일반 응급실, 권역 응급의료센터, 전문 응급의료기관(화상센터, 중증외상센터)으로 구분

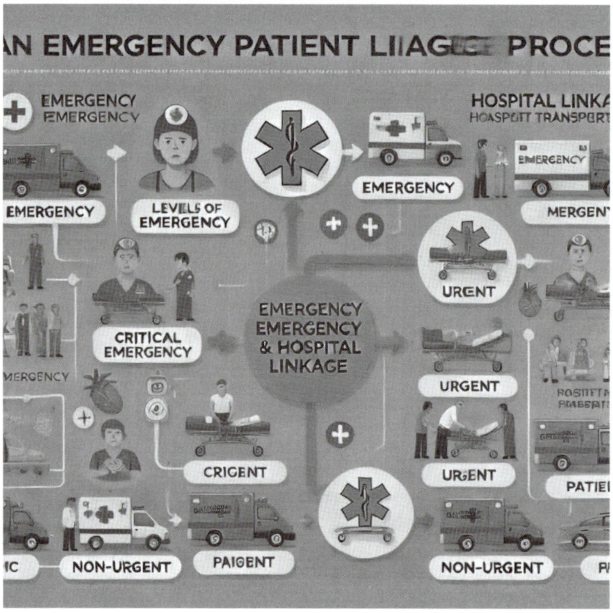

그림 9.4 응급환자 분류 및 병원 연계 흐름도

표 9.3 응급환자 분류 체계(Triage) 및 대응 방식

등급	색상	환자 상태	대응 방식
1급	빨강	즉시 치료 필요 (심정지, 쇼크)	즉각 응급처치 및 최우선 이송
2급	노랑	중증 부상 (골절, 내부 출혈)	신속한 응급처치 후 병원 이송
3급	초록	경미한 부상 (타박상, 찰과상)	응급처치 후 자가 치료 가능
4급	검정	회복 불가능 (사망자)	다른 환자 우선 대응

3 구조·구급 장비 및 운용법

3.1 구조 장비의 종류 및 활용

1. 붕괴 사고 구조 장비

- 유압 절단기, 공기 리프팅 백, 탐색 카메라

2. 수난사고 구조 장비

- 구조 보트, 잠수 장비, 공기통

3. 고층 구조 장비

- 고가 사다리차, 로프 하강 장비, 드론 활용 구조

그림 9.5 구조 현장에서의 주요 장비 활용

표 9.4 주요 구조 장비의 특성 및 활용 방법

장비명	주요 용도	활용 방식
공기호흡기	연기·가스 노출 보호	구조대원이 착용하여 화재 현장 진입
유압 절단기	차량 사고 구조	차량 문 개방 및 금속 절단
척추 고정 보드	척추 손상 환자 고정	부상자의 척추 보호 및 이동
열화상 카메라	화재 현장 탐색	고온 영역 및 생존자 탐색

3.2 구급 장비 및 의료지원 시스템

1. 구급차 내 장비

- 자동 심장충격기(AED), 산소 공급기, 이동식 인공호흡기
- 환자 모니터링 장비(심전도, 혈압 측정기 등)

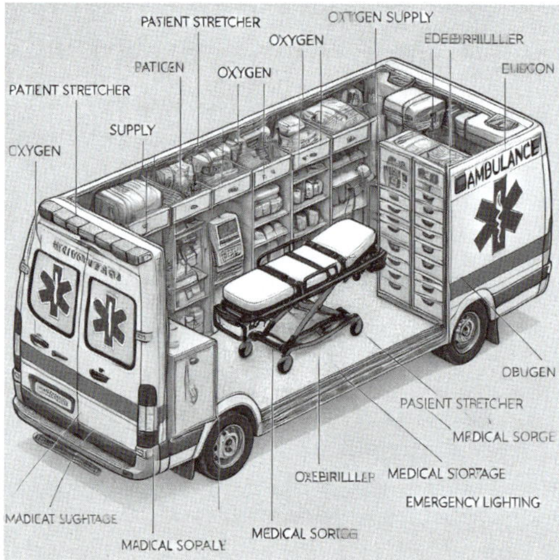

그림 9.6 **구급차 내부 장비 및 기능 개념도**

2. 특수 구급차 및 이송 시스템

- **음압 구급차**: 감염병 환자 이송용
- **중환자 이송 전용 구급차**: 인공호흡기, 응급 수액 공급 시스템 구비

3.3 최신 구조·구급 기술 및 스마트 시스템 적용

1. 드론을 활용한 구조 및 응급 이송

- 재난지역 또는 접근이 어려운 지역에서 드론을 활용한 응급 물품 전달

2. AI 기반 응급 대응 시스템

- **응급 요청 분석 AI**: 신고자의 음성 패턴을 분석하여 긴급도를 자동 판단
- **응급 상황 예측 AI**: 빅데이터를 활용하여 사고 발생 가능성을 예측

3. 5G 기반 응급 진료 시스템

- 현장 구급대원이 실시간으로 병원과 연결하여 전문 의료진의 원격 진료를 받는 시스템

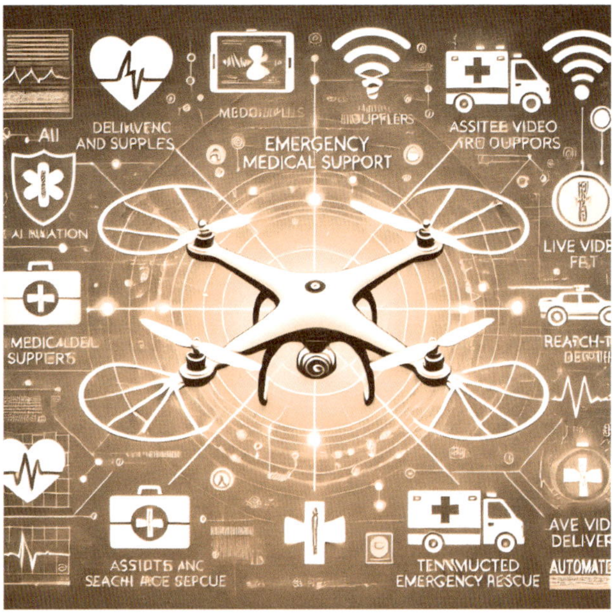

그림 9.7 드론 기반 응급의료 지원 시스템 개념도

표 9.5 최신 구조·구급 기술 및 활용 사례

기술명	특징	활용 사례
드론 기반 구조 시스템	재난 현장 수색 및 응급 물품 투하	산악 조난자 탐색, 의료 물품 전달
AI 응급 대응 시스템	응급 신고 분석 및 대응 최적화	119 신고 접수 자동 분석
스마트 응급의료 체계	실시간 환자 모니터링 및 의료진 연결	구급차 내 원격 의료 지원
로봇 구조 시스템	위험 지역 구조대원 투입 최소화	붕괴 사고 현장 탐색

참고문헌

- 소방청, 119구조·구급에 관한 법률, 국가법령정보센터, 2023.
- 대한응급의학회, 응급의료체계와 응급처치 지침서, 2022.
- 국립소방연구원, 구조·구급 장비의 표준화 및 운용 방안 연구, 2022.
- NFPA (National Fire Protection Association), NFPA 1581: Standard on Fire Department Infection Control Program, 2022.
- ISO (International Organization for Standardization), ISO 17840-1: Road Vehicles – Information for First and Second Responders – Part 1: Rescue Sheet for Passenger Cars and Light Commercial Vehicles, 2021.
- 한국소방안전원, 구조 및 구급 활동 매뉴얼, 2021.
- 한국응급구조학회, 응급구조학 개론, 2022.
- British Standards Institution (BSI), BS 8599-1: Workplace First Aid Kits – Specification for the Contents of Workplace First Aid Kits, 2020.
- European Resuscitation Council (ERC), ERC Guidelines for Resuscitation 2021, 2021.
- 김민재, 응급처치와 구급의 실제, 정담미디어, 2021.

P/A/R/T

05

재난 및 안전관리

Chapter

10 재난관리 및 대응

학습 목표

- 재난의 개념과 유형을 이해하고, 자연 재난과 사회재난의 차이점을 설명할 수 있다.
- 재난관리의 주요 단계(예방, 대비, 대응, 복구)를 파악하고, 단계별로 필요한 조치와 대응 방안을 설명할 수 있다.
- 국내외 주요 대형 재난 사례를 분석하고, 효과적인 재난 대응 및 복구 전략을 비교·평가할 수 있다.
- 재난 대응을 위한 법적·제도적 기반을 이해하고, 정부와 민간의 협력 체계를 설명할 수 있다.
- 첨단 기술(AI, IoT, 빅데이터 등)을 활용한 스마트 재난관리 시스템의 개념과 적용 사례를 파악할 수 있다.
- 재난 발생 시 신속한 대피 및 구조 시스템의 중요성을 이해하고, 실질적인 재난 대응 방안을 제안할 수 있다.

1 재난의 개념 및 유형

1.1 재난의 개념

1. 재난의 정의 및 특징

- 재난은 인간의 생명, 재산 및 환경에 심각한 피해를 초래하는 사건을 의미하며, 자연적, 인적 원인으로 발생할 수 있음
- 국내에서는 「재난 및 안전관리 기본법」에 따라 재난을 정의하고 체계적으로 대응함

2, 재난의 주요 특성

- **급작성**: 대부분 예측할 수 없으며, 단기간 내에 큰 피해를 발생시킴
- **대규모성**: 피해 범위가 넓고, 여러 지역 및 기관이 협력하여 대응해야 함
- **복합성**: 단일 원인보다는 여러 요인이 결합하여 발생하는 경우가 많음

표 10.1 재난의 주요 특성 및 예시

특성	설명	예시
급작성	예측이 어려우며 단기간 내 큰 피해를 발생	지진, 화산 폭발, 테러
대규모성	피해 범위가 넓고 여러 지역과 기관이 협력해야 함	태풍, 대형 산불, 전염병 확산
복합성	단일 원인보다 여러 요인이 결합하여 발생	지진 후 화재, 원전 사고
장기적 영향	인프라 파괴 및 경제적 손실이 장기적으로 지속됨	후쿠시마 원전 사고, 허리케인 카트리나
국제적 파급력	한 국가에서 발생한 재난이 국제적으로 영향	코로나19 팬데믹, 글로벌 공급망 붕괴

1.2 재난의 유형

1. 자연 재난

- 태풍, 홍수, 지진, 산불, 폭설 등 자연적 요인으로 발생
- 기후 변화로 인해 재해 강도가 증가하는 추세

2. 사회재난

- 대형 화재, 건축물 붕괴, 대규모 교통사고, 감염병 확산 등 인위적인 원인으로 발생
- 안전관리 미흡으로 인한 사고의 비율이 높음

3. 복합재난

- 자연 재난과 사회재난이 결합한 형태
  - 예) 지진 발생 후 건물 붕괴 및 화재 동시 발생

4. 국제적 재난 및 연쇄 재난

- 한 국가에서 발생한 재난이 국제적으로 영향을 미치는 사례가 증가
  - 예) 코로나19 팬데믹, 국제 물류망 붕괴

그림 10.1 **재난의 유형 및 특성 개념도**

1.3 재난관리 이론

1. 위기관리 사이클 이론

- 재난 대응을 예방, 대비, 대응, 복구의 4단계로 구분하여 관리하는 이론
- 단계별로 필요한 조치와 협력 방안이 정의됨

2. 하인리히 재해 예방 이론

- 사고 발생의 88%가 인간의 부주의에서 비롯되며, 이를 예방하면 사고를 방지할 수 있다는 이론
- 재난 예방을 위한 교육과 안전 규정 준수의 중요성을 강조

3. 도미노 이론

- 재난은 여러 가지 원인이 연쇄적으로 작용하여 발생하며, 특정 원인을 차단하면 재난을 예방할 수 있음

4. 재난 탄력성(resilience) 이론

- 사회 및 개인이 재난 발생 후 얼마나 빠르게 회복할 수 있는지를 분석하는 개념
- 회복력을 강화하기 위해 지속적인 교육과 기반 시설 보강이 필요

표 10.2 주요 재난관리 이론 비교

이론명	개념	주요 내용	적용 사례
위기관리 사이클 이론	재난을 예방, 대비, 대응, 복구의 4단계로 구분하여 관리	단계별 대응 체계를 구축하고 기관 간 협력 강화	미국 FEMA의 재난 대응 시스템
하인리히 재해 예방 이론	대부분의 사고가 인간의 부주의로 발생하며 예방이 가능함	사고 예방을 위한 교육과 안전 규정 준수 강조	산업안전 교육, 기업의 안전관리 정책
도미노 이론	재난은 여러 원인의 연쇄 작용으로 발생	특정 원인을 차단하면 재난 예방 가능	산업재해 예방 조치, 교통사고 방지 대책
재난 탄력성 이론	재난 후 사회 및 개인이 얼마나 빠르게 회복할 수 있는지 분석	회복력을 강화하기 위해 교육과 인프라 개선 필요	뉴질랜드 지진 복구 정책, 스마트시티 복원 계획

재난은 그 발생을 막기 위한 사전 예방부터 발생 이후의 대응과 복구까지 체계적인 관리를 필요로 한다. 재난관리의 단계는 일반적으로 예방(Prevention), 대비(Preparedness), 대응(Response), 복구(Recovery)의 4단계로 구분된다. 각각의 단계는 유기적으로 연결되며, 사전 준비가 얼마나 철저하게 이루어졌는지에 따라 피해 규모와 복구 속도가 크게 좌우된다.

2 재난관리 단계

2.1 재난관리의 개념 및 필요성

1. 재난관리의 개념

- 재난관리란 재난의 발생을 예방하고, 피해를 최소화하며, 신속하게 복구하는 체계를 의미함
- 국가 및 지방정부뿐만 아니라 기업, 개인, 시민사회 등 다양한 주체가 참여해야 효과적으로 운영됨

2. 재난관리가 필요한 이유

- **피해 최소화**: 적절한 재난관리를 통해 인명 및 재산 피해를 줄일 수 있음
- **사회 안정 유지**: 재난 발생 시 사회 혼란을 방지하고 정상적인 기능을 회복하는 것이 중요

- **경제적 손실 예방**: 사전 대비를 강화함으로써 경제적 비용을 절감할 수 있음
- **지속 가능한 발전 보장**: 재난으로 인한 환경 및 사회적 영향을 줄이는 것이 필수적

표 10.3 재난관리가 필요한 주요 이유 및 대응 방안

필요성	설명	대응 방안
피해 최소화	적절한 재난관리를 통해 인명 및 재산 피해를 줄일 수 있음	조기 경보 시스템 구축, 내진설계 강화
사회 안정 유지	재난 발생 시 사회 혼란을 방지하고 정상 기능 회복 필요	재난 대응 매뉴얼 마련, 지역 사회 대피 훈련
경제적 손실 예방	사전 대비 강화로 경제적 비용을 절감 가능	재난 보험 확대, 재난 대비 예산 편성
지속 가능한 발전	재난으로 인한 환경 및 사회적 영향을 줄이는 것이 필수	친환경 복구 기술 적용, 재난 복구 계획 수립

2.2 재난관리 4단계

1. 예방(Prevention)

재난 예방은 재난 발생을 사전에 차단하거나 피해를 최소화하는 것을 목표로 한다. 이를 위해 법적·제도적 기반을 마련하고, 위험 요인을 사전에 제거하는 다양한 조치가 이루어진다.

1) 법적·제도적 예방 조치

- 「재난 및 안전관리 기본법」, 「건축법」, 「화재예방, 소방시설 설치·유지 및 안전관리에 관한 법률」 등 관련 법률을 통한 재난 방지 정책 운용
- 지진, 태풍, 홍수, 화재 등의 위험이 큰 지역에 대한 건축물 규제 강화
- 환경영향평가, 재난 위험 지역 지정 및 관리

2) 물리적 예방 조치

- 내진설계 의무화 및 보강 공사 추진
- 제방 및 방재 시설 건설, 산사태 방지 시설 구축
- 산업시설 및 위험물 저장소의 안전 점검 및 보강

3) 기술적 예방 조치

- AI 및 빅데이터를 활용한 재난 예측 시스템 운영

• 실시간 재난 감시 및 조기 경보 시스템 구축
• 화재 확산 방지용 방화벽 및 내화구조 적용

표 10.4 주요 재난 예방 조치 비교

유형	주요 내용	적용 사례
법적·제도적 조치	관련 법률 제정 및 규제 강화	「재난 및 안전관리 기본법」, 「건축법」
물리적 예방 조치	내진설계 강화, 방재 시설 구축	일본의 내진 건축 기준, 홍수 방지 시설
기술적 예방 조치	AI 및 빅데이터 활용, 조기 경보 시스템	스마트시티 기반 재난 감시 체계, 조기 경보 시스템

2. 대비(Preparedness)

대비 단계에서는 재난 발생 시 신속한 대응이 가능하도록 훈련 및 시스템을 구축하는 것이 중요하다.

그림 10.2 재난 대비 체계 개념도

1) 재난 대비 계획 수립

• 국가 및 지자체 단위의 재난관리 기본계획 수립
• 기업 및 기관별 자체 재난 대응 매뉴얼 마련
• 학교 및 다중 이용시설의 재난 대피 계획 구축

2) 재난 대비 훈련 및 교육

- 재난 발생 시 국민의 대처 능력을 강화하기 위한 정기적인 훈련
- 소방 훈련, 지진 대피 훈련, 수해 대응 훈련 등 시나리오 기반 훈련 실시
- 응급처치 및 응급의료 교육 확대

3) 재난 대응 자원 확보

- 응급구호물자(식량, 물, 의약품) 비축 및 관리
- 이동형 구조 장비 및 소방 장비 준비
- 민간-공공 협력 기반의 지원 네트워크 구축

3. 대응(Response)

대응 단계에서는 재난이 발생한 직후 인명 구조, 피해 최소화, 추가 피해 방지 등의 활동이 집중적으로 이루어진다. 신속한 대응이 재난 피해를 결정짓는 중요한 요소이며, 이를 위해 다양한 조직이 협력하여 구조 및 지원 활동을 수행한다.

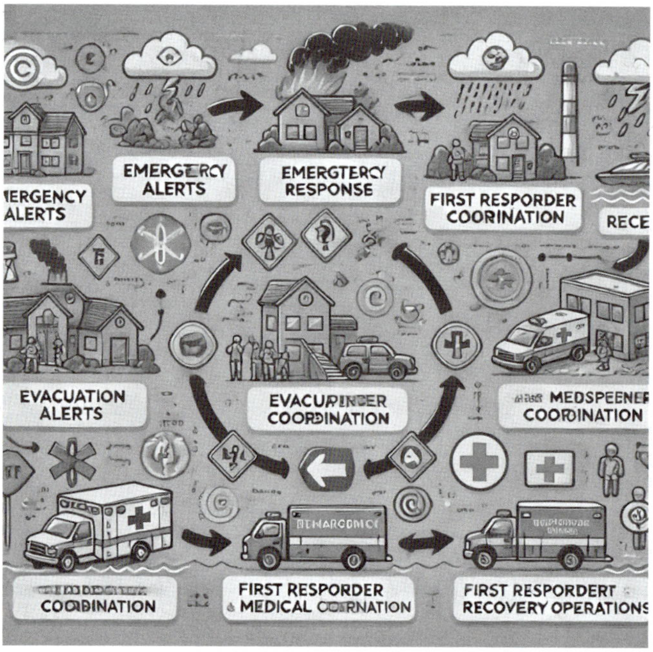

그림 10.3 **재난 대응 프로세스 흐름도**

1) 초기 대응

- 119 긴급출동 및 초동 진압
- 위험 지역 주민 긴급 대피 및 대피소 운영
- 초기 현장 지휘 체계 수립 및 정보 공유

2) 긴급 구조 및 의료지원

- 응급의료팀 및 소방구조대 파견
- 구조견 및 드론을 활용한 수색 및 구조 작업
- 임시 병원 운영 및 중증 환자 이송 체계 가동

3) 정보 제공 및 재난 커뮤니케이션

- 재난 알림 방송 및 휴대전화 긴급 메시지 발송
- 언론을 통한 실시간 재난 상황 보고
- SNS 및 온라인 플랫폼을 활용한 시민 소통 강화

4. 복구(Recovery)

복구 단계에서는 피해를 당한 지역의 정상화를 목표로 다양한 복구 및 재건 작업이 진행된다. 단순한 원상복구를 넘어 향후 유사한 재난이 발생하지 않도록 재난 저감 대책을 포함한 '더 나은 복구(Build Back Better)' 개념이 강조되고 있다.

1) 단기 복구 활동

- 긴급 임시 주거 제공 및 재정 지원
- 필수 기반 시설(전기, 수도, 통신) 복구
- 감염병 예방을 위한 방역 활동

2) 장기 복구 및 재건

- 피해 지역 재건 및 도시계획 개선
- 재난 피해자 심리적 회복 지원 프로그램 운영
- 법적·제도적 보완을 통한 재발 방지 대책 마련

3) 스마트 복구 기술 도입

- 드론을 활용한 피해 지역 지도화 및 복구 계획 수립

- 재난지역 내 IoT 센서를 활용한 실시간 모니터링 시스템 구축
- 친환경 복구 기법을 활용한 지속 가능한 도시 개발 추진

그림 10.4 **스마트 재난 복구 시스템 개념도**

2.3 재난관리 단계별 사례 분석

재난관리 4단계(예방-대비-대응-복구) 전략이 실제 사례에서 어떻게 적용되었는지 분석하는 것은 재난 대응 역량을 높이는 데 필수적이다.

표 10.5 **재난관리 단계별 사례 분석**

재난명	예방 단계	대비 단계	대응 단계	복구 단계
일본 동북 대지진 (2011년)	내진설계 기준 강화, 조기 경보 시스템 구축	지진 대비 훈련, 방재 교육 확대	신속한 대피 방송, 긴급 구조 활동	피해 지역 재건, 원전 안전 대책 개선
미국 허리케인 카트리나 (2005년)	방재 시설 및 댐 보강 미흡	비상 대응 계획 미흡으로 대피 지연	연방정부 대응 지연, 구조 활동 부실	피해 복구 지연, 사회적 불평등 문제 대두

1. 일본 동북 대지진(2011년)

- **예방**: 내진설계 기준 강화 및 조기 경보 시스템 구축
- **대비**: 대규모 지진 대비 훈련 및 재난 대비 교육 확대
- **대응**: 신속한 대피 방송과 긴급 구조 활동
- **복구**: 재해 지역 재건 및 원전 안전 대책 개선

2. 미국 허리케인 카트리나(2005년)

- **예방**: 방재 시설 및 댐 보강 미흡으로 피해 확대
- **대비**: 비상 대응 계획 미흡으로 대피 지연
- **대응**: 연방정부 대응 지연 및 구조 활동 부실
- **복구**: 피해 복구 지연 및 사회적 불평등 문제 대두

대형 재난은 국가 및 지역 사회에 큰 영향을 미치며, 인명 피해뿐만 아니라 경제적·사회적 손실도 상당하다. 각 재난 사례를 분석하고 대응 전략을 도출하는 것은 향후 유사한 재난 발생 시 피해를 줄이고 보다 효과적인 재난관리를 가능하게 한다. 본 절에서는 대표적인 대형 재난 사례를 분석하고, 그에 따른 대응 전략을 더욱 구체적으로 살펴본다.

3 대형 재난 사례 분석 및 대응 전략

3.1 주요 대형 재난 사례 분석

대형 재난 사례를 분석할 때 재난 유형에 따라 자연재해, 인적 재해, 복합재난 등으로 구분하여 대응 과정과 문제점을 평가할 필요가 있다.

1. 이천 물류센터 화재(2020년)

이천 물류센터 화재는 공사 중 발생한 대형 화재로, 많은 인명 피해를 초래하였다. 주된 원인은 우레탄폼 작업 중 발생한 화재이며, 건축물 구조 및 안전관리 미흡이 피해 확산에 영향을 주었다.

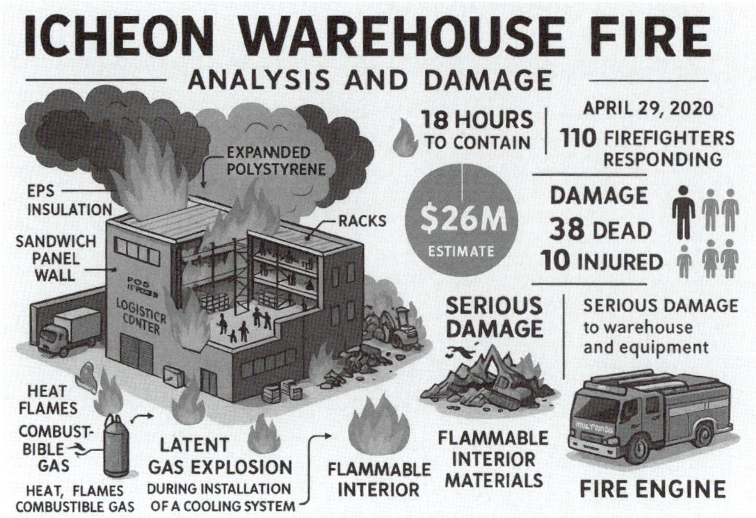

그림 10.5 **이천 물류센터 화재 분석 및 피해 상황**

1) 화재 원인 및 확산 과정

- 건축 공사 중 우레탄폼 작업과 용접 작업이 동시에 진행되었으며, 작업 중 발생한 불꽃이 우레탄폼에 착화
- 화재가 발생하자 다량의 유독가스가 생성되어 건물 내부에서 신속한 대피가 어려웠음
- 물류센터의 구조적 특성상 밀폐된 공간이 많아 화염이 빠르게 확산

2) 대응 과정 및 문제점

- 화재 발생 신고 접수 후 신속한 초기 대응이 어려웠음
- 내부에 스프링클러가 작동하지 않았거나 효과적으로 제어되지 않음
- 건물 내 피난 유도 시스템이 부족하여 작업자들이 적절한 대피 경로를 확보하지 못함

3) 재난 대응 개선 방안

- **공사 현장 화재 예방 대책 강화**: 인화성 물질 작업 시 안전 조치 강화
- **밀폐형 건축물 화재 대응 강화**: 화재 감지 및 환기 시스템 개선
- 긴급 대피 경로 및 피난 유도 시스템 보강

2. 대구 지하철 화재(2003년)

대구 지하철 화재는 지하철 객차 내에서 방화로 발생하였으며, 총 192명이 사망하고 151명이 부상을 입었다. 해당 사고는 초기 대응 미흡과 방화범의 신속한 제압 실패가 피해를 키운 대표적인 사례이다.

그림 10.6 대구 지하철 화재 발생 과정 및 피해 분석

1) 화재 원인 및 확산 과정

- 방화범이 인화성 물질(휘발유)을 이용해 객차 내에서 방화를 시도
- 객차 내부에 가연성 소재(플라스틱, 좌석재 등)가 많아 화염이 빠르게 확산
- 지하철 역사의 배연 시스템이 작동하지 않음에 따라 연기가 역사 전체로 확산

2) 대응 과정 및 문제점

- **기관사의 초기 대응 실패**: 열차 정차 후 승객 대피 유도 미흡
- **역사 내 배연 및 소방 설비 미작동**: 연기로 인해 탈출이 어려움
- **비상 통신 체계 미흡**: 승객들에게 신속한 대피 안내 제공 부족

3) 재난 대응 개선 방안

- **지하철 방화 예방 및 보안 강화**: 화재 감지 시스템 개선, CCTV 모니터링 확대
- **배연 및 피난 설비 개선**: 터널 및 역사 내 연기 배출 시스템 개선
- **비상 대피 훈련 강화**: 승무원 및 역무원 교육 및 정기적인 대피 훈련 확대

3. 그렌펠 타워 화재(2017년, 영국)

그렌펠 타워 화재는 건물 외벽에 사용된 가연성 외장재(알루미늄 복합 패널)가 화재 확산을 가속화하며 많은 인명 피해를 초래한 사건이다.

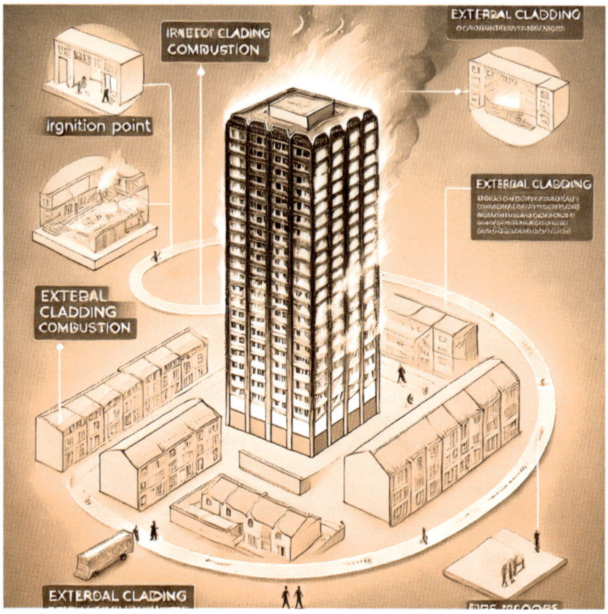

그림 10.7 **그렌펠 타워 화재 확산 경로 분석**

1) 화재 원인 및 확산 과정

- 4층 세대 내 전기적 원인으로 인해 발생한 초기 화재가 외벽으로 확산
- 가연성 외장재(클래딩, 외단열재)의 사용으로 인해 불길이 건물 전체로 빠르게 확산
- 스프링클러 미설치 및 경보 시스템 문제로 신속한 대피가 어려움

2) 대응 과정 및 문제점

- **건물 내 화재 안전 기준 미준수**: 외장재의 내화 성능이 검증되지 않음
- **화재 발생 시 대피 지침 혼선**: 입주민들에게 초기 대피 지침이 명확하지 않았음
- **소방 설비 미비**: 영국의 기존 건축물에는 스프링클러 설치 의무가 없어 화재 초기 진화에 실패

3) 재난 대응 개선 방안

- **건축물 외장재 안전 기준 강화**: 고층 건물 외장재 화재 안전성 검토 의무화
- **스프링클러 설치 기준 강화**: 기존 건축물에도 소급 적용할 수 있도록 법 개정
- **피난 계획 수립 및 시민 교육 강화**: 화재 발생 시 명확한 대피 지침 제공

4. 베이루트 질산암모늄 폭발 사고(2020년, 레바논)

베이루트 항구 폭발 사고는 질산암모늄이 대량으로 저장된 상태에서 화재가 발생하며 초대형 폭발이 일어난 사례이다.

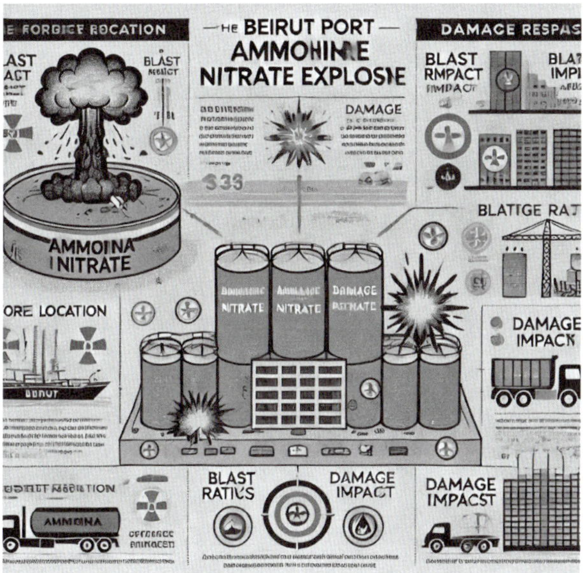

그림 10.8 **베이루트 항구 폭발 사건 개념도**

1) 사고 원인 및 폭발 과정

- 항구 창고에 질산암모늄 2,750톤이 6년간 보관됨
- 부적절한 저장 관리 및 화재 발생으로 인해 연쇄 폭발
- 폭발로 인해 항구 및 주변 건물 대규모 붕괴

2) 대응 과정 및 문제점

- **위험물 저장소 관리 부실**: 위험물 적재 규정 준수 실패
- **초기 화재 진압 실패**: 질산암모늄 저장고에서 발생한 불꽃을 조기에 차단하지 못함

- **긴급 대응 시스템 부재**: 폭발 발생 후 의료 및 구조 지원이 지연

3) 재난 대응 개선 방안

- **위험물 저장 및 관리 규정 강화**: 위험물 보관 기준 개선 및 정기 점검 의무화
- **위험물 사고 대응 매뉴얼 확립**: 대형 화학 폭발 대응 체계 강화
- **국제 재난 지원 협력 체계 구축**: 대규모 재난 발생 시 신속한 해외 지원 체계 마련

3.2 대형 재난 사례 분석을 통한 대응 전략 도출

각 사례를 통해 확인된 주요 대응 전략은 다음과 같다.

1. 재난 유형별 맞춤형 대응 계획 수립

- 화재, 지진, 홍수 등 재난 유형별 차별화된 대응 체계 구축
- 조기 경보 시스템 및 신속한 대피 계획 수립

2. 재난 대응 조직 간 협력 체계 강화

- 중앙 및 지방정부, 민간기관, 국제기구와의 협력 체계 구축
- 통합 지휘 체계를 통해 신속한 대응 지휘 가능

3. 최신 기술을 활용한 재난 대응

- 드론, AI, 빅데이터를 활용한 재난 감지 및 구조 활동 최적화
- 스마트 재난 모니터링 시스템 구축

이와 같은 분석을 통해 향후 재난 대응 역량을 더욱 강화할 수 있을 것이다.

참고문헌

- 행정안전부, 재난 및 안전관리 기본법, 국가법령정보센터, 2023.
- 소방청, 재난 대응 매뉴얼 및 지침서, 2022.
- 국립재난안전연구원, 재난관리 단계별 대응 전략 연구, 2022.
- NFPA (National Fire Protection Association), NFPA 1600: Standard on Disaster/Emergency Management and Business Continuity Programs, 2022.
- ISO (International Organization for Standardization), ISO 22320: Security and Resilience – Emergency Management – Guidelines for Incident Management, 2021.
- 한국소방안전원, 재난관리와 대응 체계, 2021.
- 대한재난안전학회, 재난 유형별 대응 매뉴얼, 2022.
- British Standards Institution (BSI), BS 11200: Crisis Management – Guidance and Good Practice, 2020.
- European Committee for Standardization (CEN), EN 15254-4: Extended Application of Results from Fire Resistance Tests – Part 4: Applied Partitions, 2021.
- 박지훈, 대형 재난 사례 분석과 대응 전략, 시그마프레스, 2021.

Chapter 11

소방안전교육 및 시민 안전

학습 목표

- 소방안전교육과 훈련의 개념을 이해하고, 대상별 교육 프로그램을 설명할 수 있다.
- 화재 예방 교육과 대국민 홍보 전략의 중요성을 이해하고, 실천 방안을 분석할 수 있다.
- 기업 및 건물 관리자의 방재 책임과 관련 법규를 숙지하고, 소방 안전관리 체계를 설명할 수 있다.
- 최신 기술을 활용한 화재 예방 교육 방법을 이해하고, 실무 적용 방안을 분석할 수 있다.
- 지속적인 소방안전교육과 점검의 필요성을 설명하고, 효과적인 훈련 및 대응 체계를 제안할 수 있다.

1 안전교육 및 훈련의 중요성

1.1 안전교육의 개념과 필요성

소방안전교육은 화재 및 재난 발생 시 인명과 재산 피해를 최소화하기 위해 필수적으로 수행되는 교육 과정이다. 이를 통해 일반 시민, 기업 및 공공기관 종사자들이 화재 예방, 초기 대응 및 피난 방법을 숙지하고, 실질적인 재난 대응 능력을 갖추도록 하는 것이 목적이다.

1. 소방안전교육의 정의 및 목적

- 화재 및 재난 발생 시 개인과 조직이 신속하고 효과적으로 대응할 수 있도록 교육
- 초기 진화 및 피난 기술을 습득하여 피해를 최소화
- 재난 발생 후 복구 및 안전관리에 대한 이해도 향상

2. 국내외 소방안전교육 제도 및 정책 비교

- **국내**: 「화재 예방, 소방시설 설치·유지 및 안전관리에 관한 법률」에 따라 정기적 안전교육 시행

- **해외**: 미국(국립화재방지협회 NFPA), 일본(지방자치단체별 방재 교육) 등에서 체계적인 소방 교육 시스템 운영

표 11.1 주요 국가별 소방안전교육 비교

국가	주요 교육기관 및 법규	교육 대상	교육 방식	특징
대한민국	「화재예방, 소방시설 설치·유지 및 안전관리에 관한 법률」, 소방청	일반 시민, 기업, 학생, 공공기관	소방 훈련, 이론 교육, VR·AR 활용 교육	전국 단위 소방안전교육, 의무 교육 규정
미국	국립화재방지협회(NFPA), 연방재난관리청(FEMA)	학생, 기업, 소방관, 시민	온라인 교육, 시뮬레이션, 실습 훈련	학교 교육 과정에 소방안전 포함, 지역별 맞춤 교육
일본	지방자치단체 방재 교육, 소방청	학생, 직장인, 고령자	방재센터 체험, 피난 훈련	지진·화재 대피 훈련 중점, 지역 사회 중심 교육
독일	연방 소방협회, 지방정부 재난관리국	학교, 직장, 공공기관	실습 기반 훈련, 정기 점검	소방 자원봉사 활성화, 실전 중심 소방 교육
영국	영국 소방구조청, 지역별 소방서	건물 관리자, 기업, 학생	온라인 강좌, 화재 대피 시뮬레이션	기업의 소방 훈련 의무화, 맞춤형 안전교육

1.2 다양한 대상별 소방안전교육 프로그램

효과적인 소방안전교육을 위해서는 대상에 따라 맞춤형 프로그램이 필요하다.

1. 일반 시민 대상 교육

- **어린이**: 소방 안전 체험관, 소방차·구급차 견학 프로그램
- **노인 및 장애인**: 맞춤형 피난 및 대피 교육, 거동 불편자를 위한 대피 요령

2. 학교 및 교육기관 대상 교육

- **초·중·고교생**: 재난 대비 훈련(지진 대피, 화재 대피) 및 소방관 체험 교육
- **대학교**: 기숙사 화재 안전교육 및 실습

3. 기업 및 산업체 종사자 대상 교육

- **제조업·건설업**: 위험물 취급 교육 및 방화 관리 교육
- **사무직**: 화재 대피 훈련 및 피난 경로 파악

1.3 소방 훈련의 유형 및 효과

소방 훈련은 교육을 실질적으로 적용하는 과정이며, 반복적인 훈련을 통해 효과를 극대화할 수 있다.

1. 이론 교육과 실습 훈련의 차이

- **이론 교육**: 소방 안전 이론, 법령 및 예방 수칙 교육
- **실습 훈련**: 실제 소방 장비 사용, 피난 행동 실습

2. 주요 소방 훈련 유형

- 소화기 및 소화전 사용 훈련
- 비상구 및 대피 경로 파악 훈련
- 연기 확산 및 유독가스 대피 훈련

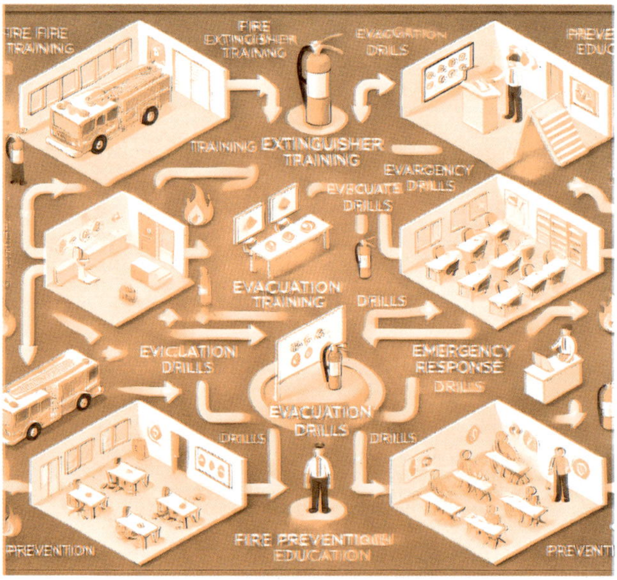

그림 11.1 **소방 안전 훈련 유형별 절차**

화재 예방 교육과 대국민 홍보는 화재 발생을 사전에 방지하고, 시민들이 안전한 환경을 유지할 수 있도록 유도하는 중요한 활동이다. 단순한 정보 제공을 넘어, 국민이 실질적으로 안전 행동을 실천하도록 하는 것이 핵심 목표이다. 이를 위해 다양한 교육 방식과 홍보 전략을 활용할 필요가 있으며, 최신 기술을 접목한 교육 프로그램도 적극 도입되고 있다.

2 화재 예방 교육 및 대국민 홍보

2.1 화재 예방 교육의 개념과 필요성

화재 예방 교육은 화재 발생 위험을 줄이고, 발생 시 신속한 대응이 가능하도록 개인과 기관을 교육하는 과정이다. 주요 목표는 시민들이 화재 예방 수칙을 숙지하고 실생활에서 실천할 수 있도록 돕는 것이다.

1. 화재 예방 교육의 정의

- 화재 예방을 위한 지식과 기술을 습득하고 이를 실생활에서 적용하는 과정
- 개인, 기업, 공공기관 등을 대상으로 체계적인 교육을 시행하여 화재 예방 의식을 향상

2. 화재 예방 교육의 필요성

- **화재 발생률 감소**: 예방 교육을 통해 화재 발생 원인을 사전에 차단
- **초기 대응 역량 강화**: 화재 발생 시 빠른 대처가 가능하도록 교육
- **피난 안전성 확보**: 대피 요령을 숙지하여 인명 피해 최소화
- **법적 의무 준수**: 건물 관리자 및 기업체의 소방안전교육 의무 이행

표 11.2 화재 예방 교육의 필요성과 효과

필요성	효과
화재 발생률 감소	화재 원인 인식 및 사전 차단 가능
초기 대응 역량 강화	소화기 및 소방 설비 활용 능력 향상
피난 안전성 확보	대피 훈련을 통한 생존 확률 증가
법적 의무 준수	관련 법률에 따른 의무 교육 시행

2.2 대국민 화재 예방 교육 프로그램

1. 대상별 맞춤형 화재 예방 교육

효과적인 교육을 위해 대상별 맞춤형 프로그램이 필요하다.

1) 일반 시민 대상 교육

- 가정에서 발생할 수 있는 전기·가스 화재 예방 교육

- 화재 발생 시 대피 방법 및 신고 절차 교육

2) 취약 계층(노인, 장애인) 대상 교육

- 이동이 불편한 대상자를 위한 대피 요령 교육
- 맞춤형 소방 설비(자동 화재경보기 등) 활용 방법

3) 학생 대상 화재 예방 교육

- 초·중·고교생을 대상으로 한 소방 안전 체험 교육
- VR(가상현실)·AR(증강현실) 기술을 활용한 교육

4) 기업 및 건물 관리자 대상 교육

- 방재 책임자의 의무 및 화재 예방 시스템 점검 교육
- 대형 건물 및 산업시설에서의 화재 예방 훈련

표 11.3 대상별 맞춤형 화재 예방 교육 프로그램

교육 대상	주요 교육 내용
일반 시민	가정 내 전기·가스 화재 예방, 화재 대피 요령
취약 계층(노인, 장애인)	맞춤형 피난 교육, 자동 소방 설비 사용법
학생(초·중·고)	VR·AR 활용 소방 체험, 대피 훈련
기업 및 건물 관리자	방재 책임자의 소방시설 유지 관리 교육

2. 주요 화재 사례 분석을 통한 예방 대책

과거 주요 화재 사고를 분석하여 예방책을 마련하는 것이 효과적이다.

1) 이천 물류센터 화재(2020년)

- **원인**: 공사 중 우레탄폼 작업과 용접 작업 동시 진행
- **예방책**: 공사 현장 안전 기준 강화, 화재 위험 작업 시 사전 점검

2) 대구 지하철 화재(2003년)

- **원인**: 방화에 의한 객차 내 화재 발생, 초기 대응 미흡
- **예방책**: 지하철 내 화재 감지 시스템 개선, 승객 대피 교육 강화

3) 그렌펠 타워 화재(2017년, 영국)

- **원인**: 건물 외장재의 가연성 문제

- **예방책**: 고층 건물 화재 예방을 위한 건축법 강화

그림 11.2 과거 대형 화재 사례 및 예방 대책

2.3 대국민 홍보 전략 및 실천 방안

소방 안전 홍보는 단순한 정보 제공을 넘어서 시민들의 행동 변화를 유도하는 것이 핵심이다. 이를 위해 다양한 채널과 방식을 활용한 홍보 전략이 필요하다.

1. 공공 캠페인 및 미디어 홍보

- 소방청, 지방자치단체 주관 '불조심 강조의 달' 캠페인
- TV, 라디오, 유튜브 및 SNS를 활용한 화재 예방 콘텐츠 제작

2. 지역 사회나 학교 연계 홍보 활동

1) 소방 안전 체험 행사 개최

- 이동형 소방 안전 체험 차량 운영
- 지자체·학교 협력 프로그램으로 진행

2) 어린이 및 청소년 대상 홍보

- 교육용 애니메이션, 소방 안전 그림책 제작
- 청소년 봉사활동과 연계한 소방 안전 홍보 프로그램

3. 기업 및 기관 대상 화재 예방 홍보

- 대형 건축물 및 공장 대상 정기 안전 컨설팅 제공
- 산업체별 맞춤형 화재 예방 가이드 제작 및 배포

그림 11.3 대국민 화재 예방 홍보 전략 개요

2.4 최신 기술을 활용한 화재 예방 교육 및 홍보

1. VR·AR을 활용한 가상 소방안전교육

1) VR(가상현실) 기반 화재 대피 체험

- 실제 화재 상황을 가상으로 체험하며 대피 요령 학습
- 가정·학교·사무실 등 다양한 장소별 시뮬레이션 제공

2) AR(증강현실) 기술을 활용한 소방 훈련

- 스마트폰 앱을 활용한 가상 소방시설 점검 훈련
- 화재 발생 시 비상구, 소화기 위치를 AR로 안내

2. AI 기반 맞춤형 소방안전교육 시스템

- 개별 학습자의 안전 지식을 평가하여 맞춤형 교육 콘텐츠 제공
- 스마트 화재 감지 시스템과 연계된 실시간 시뮬레이션 교육

3. 온라인 및 모바일 교육 플랫폼 활용

- 소방청 공식 유튜브 채널을 통한 화재 예방 강좌 제공
- 모바일 앱을 이용한 시민 참여형 화재 신고 및 안전교육 프로그램

표 11.4 최신 기술을 활용한 화재 예방 교육 및 홍보 방식

기술	활용 방식
VR(가상현실)	가상 대피 훈련, 소화기 사용 실습
AR(증강현실)	비상구 및 소방시설 위치 안내
AI(인공지능)	맞춤형 화재 예방 교육 콘텐츠 제공
온라인 교육	유튜브 강좌, 모바일 소방 안전 앱

그림 11.4 최신 기술을 활용한 화재 예방 교육 개념도

3 기업 및 건물 관리자의 방재 책임

기업과 건물 관리자는 소방 안전관리의 핵심 주체로서 화재 예방과 대응에 중요한 역할을 한다. 법적 규정을 준수하는 것뿐만 아니라, 종사자 및 입주자의 안전을 확보하고 피해를 최소화할 수 있는 체계적인 방재 대책을 마련해야 한다. 이에 따라 기업과 건물 관리자의 방재 책임은 법적 의무, 화재 예방 관리, 비상 대응 체계 구축, 교육 및 훈련, 최신 기술 적용 등의 다양한 영역에서 수행되어야 한다.

3.1 기업 및 건물 관리자의 법적 책임

건물 관리자 및 기업의 경영진은 「화재 예방, 소방시설 설치·유지 및 안전관리에 관한 법률」을 포함한 관련 법규를 준수해야 하며, 이를 위반하면 행정 처분 및 법적 제재를 받을 수 있다.

1. 주요 법적 책임 사항

1) 소방시설 유지 및 점검

- 자동화재탐지설비, 스프링클러, 방화문 등의 정상 작동 여부 확인
- 정기적인 소방 점검 및 보고 의무 수행

2) 화재 예방 계획 수립

- 화재 예방 및 대응 매뉴얼 구축
- 화재 위험 요소(전기, 가연물, 가스 등) 점검 및 관리

3) 피난시설 및 대피 경로 관리

- 비상구 및 대피 경로 확보
- 피난 안내표지 및 유도등 정상 작동 점검

표 11.5 기업 및 건물 관리자의 주요 법적 책임

책임 항목	주요 내용	관련 법규	주요 의무 사항
소방시설 유지 및 점검	소방시설의 정상 작동 여부 확인 및 정기 점검	「화재 예방, 소방시설 설치·유지 및 안전관리에 관한 법률」	소방시설 점검 보고서 제출, 소방 설비 유지·보수
화재 예방 계획 수립	사업장 및 건물 내 화재 발생 가능성 평가 및 예방 대책 수립	「산업안전보건법」, 「소방기본법」	사업장 내 방화계획 수립, 화재 위험 요소 사전 점검
피난시설 및 대피 경로 관리	비상구 확보 및 피난 유도 체계 구축	「건축법」, 「다중이용업소의 안전관리에 관한 특별법」	피난 경로 확보 및 비상구 차단 금지, 대피 안내 표시
소방 훈련 및 교육 시행	직원 및 입주자를 대상으로 정기적인 소방안전교육 시행	「소방시설법」	연 2회 이상 소방훈련 실시, 피난 훈련 수행
비상 대응 계획 수립	화재 발생 시 대응 절차 및 협력 체계 구축	「재난 및 안전관리 기본법」	화재 발생 시 비상 연락망 구축, 지역 소방서 협력 체계 유지

3.2 화재 예방 및 방재계획 수립

화재를 예방하고 피해를 최소화하기 위해 체계적인 방재계획을 수립해야 한다.

1. 건물 및 시설의 화재 위험 요소 점검

- 건물 내 가연성 물질(목재, 종이, 가스 등) 관리
- 전기설비 및 배선 점검을 통한 화재 위험 요소 제거
- 공조 및 배기 시스템 내 먼지 및 이물질 제거

2. 소방시설 유지 및 관리 체계 구축

- 소방시설 정기 점검(스프링클러, 소화기, 화재감지기)
- 방화문 및 제연설비 정상 작동 여부 확인
- 자동화재탐지설비 및 경보 시스템 점검

3. 비상 대피 및 소방 안전 매뉴얼 개발

- 건물 내 대피 경로 및 피난구 확보
- 비상 상황 발생 시 대응 절차 수립
- 직원 및 입주자를 위한 화재 예방 교육 프로그램 운영

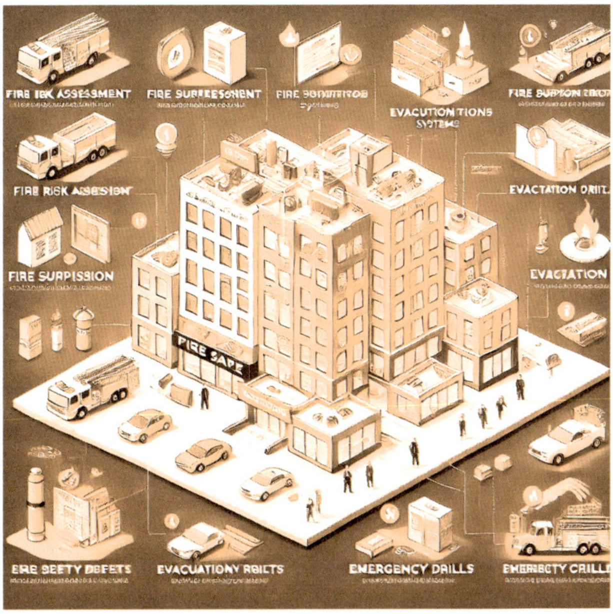

그림 11.5 **건물 화재 예방 및 방재계획 개념도**

3.3 비상 대응 체계 구축 및 운영

기업 및 건물 관리자는 화재 발생 시 신속한 대응이 가능하도록 비상 대응 체계를 구축해야 한다.

1. 초기 대응 및 화재 신고 체계

- 화재 발생 즉시 소방서(119)에 신고할 수 있도록 매뉴얼 마련
- 초기 진화용 소화기 및 방화 커튼 설치
- 화재 감지 후 즉각적으로 경보가 울릴 수 있도록 자동화 시스템 점검

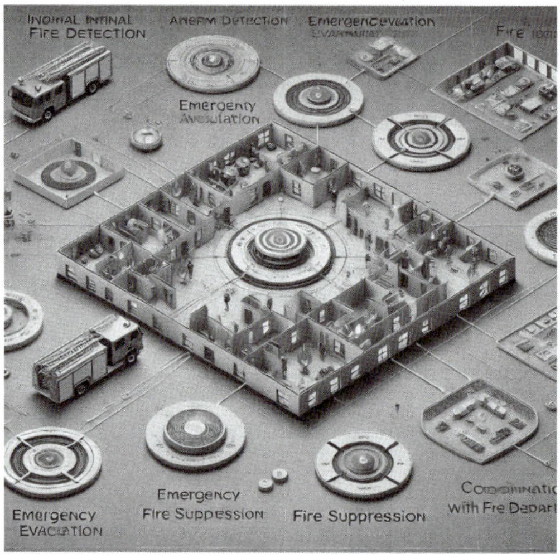

그림 11.6 **비상 대응 체계 운영 개념도**

2. 피난 및 대피 시스템 운영

- 대피 유도등 및 비상 조명 정상 작동 확인
- 계단과 피난 경로 내 장애물 제거
- 직원 및 방문객을 위한 대피 안내문 배포

3. 협력 기관과의 연계 시스템 구축

- 인근 소방서 및 응급 구조대와 협력 체계 구축
- 지역 내 방재센터 및 재난관리 기관과의 협력 강화
- 소방 훈련 및 합동 대응 훈련 정기적 시행

표 11.6 기업 및 건물 관리자의 비상 대응 체계 구축 요소

요소	주요 내용
초기 대응	화재 신고 체계, 초기 진화 장비 배치
피난 시스템	대피 경로 확보 및 피난 유도 시스템 구축
협력 네트워크	소방서, 응급 구조대와 협력 체계 구축

3.4 소방안전교육 및 훈련

기업 및 건물 관리자는 직원과 입주자를 대상으로 정기적인 소방안전교육 및 훈련을 시행해야 한다.

1. 정기적인 소방 안전 교육 프로그램 운영

- 건물 내 직원 및 입주자를 위한 월 1회 화재 예방 교육
- 연 2회 이상 소방 훈련 및 대피 훈련 의무화
- 소화기 및 소방호스 사용법 교육

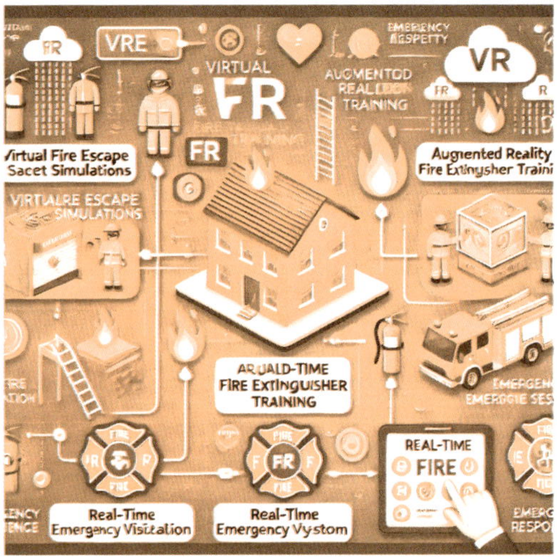

그림 11.7 VR 및 AR을 활용한 소방 훈련 개념도

2. 실전 대피 훈련 프로그램 적용

- 실내·실외 대피 경로 시뮬레이션 진행
- 장애인 및 고령자를 위한 맞춤형 대피 훈련
- 야간 및 주말 근무자를 위한 비상 대응 훈련

3. VR 및 AR 기술을 활용한 소방 훈련

- 가상현실(VR) 기반의 화재 대피 시뮬레이션 제공
- 증강현실(AR) 앱을 활용한 소방 설비 점검 및 사용법 학습
- AI 기반 소방 교육 시스템 도입

표 11.7 소방안전교육 및 훈련 프로그램 유형

교육 유형	주요 내용
기본 소방 교육	소화기 사용법, 화재 발생 시 신고 절차
실전 대피 훈련	건물 내 피난 시뮬레이션 및 탈출 연습
VR·AR 활용 훈련	가상 화재 환경에서의 대피 및 진화 체험

3.5 최신 기술을 활용한 방재 시스템 도입

첨단 기술을 활용한 방재 시스템 도입이 점점 확대되고 있으며, 기업 및 건물 관리자는 이를 적극적으로 도입할 필요가 있다.

그림 11.8 스마트 방재 시스템 개념도

1. IoT 기반 스마트 소방 관리 시스템

- 실시간 화재 감지 및 경보 시스템 운영
- 건물 내 모든 소방시설을 원격으로 점검할 수 있는 IoT 플랫폼 도입
- 빅데이터 기반의 화재 위험 분석 및 예방 시스템 구축

2. AI 및 로봇을 활용한 화재 예방

- AI를 활용한 화재 위험 예측 시스템 적용
- 로봇을 이용한 소방시설 점검 및 유지보수
- 자동 소화 로봇 도입을 통한 초기 화재 대응 강화

3. 드론을 활용한 화재 감시 및 대응

- 고층 건물 및 공장 지역의 실시간 화재 감시 시스템 구축
- 드론을 활용한 화재 초기 진압 및 상황 분석
- 대형 건축물에서 화재 발생 시 드론을 활용한 비상 대피 안내

참고문헌

- 소방청, 소방안전교육에 관한 법률, 국가법령정보센터, 2023.
- 국민안전처, 시민 안전교육 표준 교재, 2022.
- 국립소방연구원, 화재 예방 교육 프로그램 개발 연구, 2022.
- NFPA (National Fire Protection Association), NFPA 1035: Standard for Professional Qualifications for Fire and Life Safety Educator, Public Information Officer, and Juvenile Firesetter Intervention Specialist, 2022.
- ISO (International Organization for Standardization), ISO 29993: Learning Services Outside Formal Education – Service Requirements, 2021.
- 한국소방안전원, 소방안전교육 매뉴얼, 2021.
- 대한안전교육협회, 기업 및 건물관리자를 위한 방재책임 지침서, 2022.
- British Standards Institution (BSI).

소방학개론 정가 19,000원

저자 : 이해평

발행인 : 임정대
발행처 : 도서출판 구미서관

발행 : 2025년 8월 13일

등록 : 제2014-000166호

주소 : 서울시 마포구 신촌로2길 5-15
전화 : 02-338-9119
팩스 : 02-335-2201

ISBN 979-11-89933-51-7 (93530)